KB162963

쉽게 찾는 우리 약초 | 민간 편 |

초판 1쇄 발행 | 1998년 4월 30일
초판 17쇄 발행 | 2014년 10월 6일

지은이 | 김태정
펴낸이 | 조미현

디자인 | 황종환 · 김세라
표지 사진 | 구본창

펴낸곳 | (주)현암사
등록 | 1951년 12월 24일 · 제10-126호
주소 | 121-839 서울시 마포구 동교로12안길 35
전화 | 365-5051~6 · 팩스 | 313-2729
전자우편 | editor@hyeonamsa.com
홈페이지 | www.hyeonamsa.com

ISBN 978-89-323-0948-4 03480

쉽게 찾는 우리 약초

| 만간 편 |

현암사

민간 약초를 내면서

비록 지금같이 현대 의학은 발달하지 않았지만 우리의 옛 선조들은
온갖 식물의 약효를 찾아 나름대로의 건강 비법을 지혜롭게 만들고
활용했던 것 같다. 이러한 건강법은 대개 생활 주변에서 쉽게 구할 수 있고
우리가 늘 식생활을 통하여 주식으로 먹는 것들을 이용하여 찾아낸 것이다.
지금은 찾아보기조차 어려운 고대의 희귀 비방(秘方)은 오히려 과학이
발달한 금세기보다 더 정확한 것도 많은 듯싶다. 일반에게 잘 알려져
활용되고 있는 『동의보감(東醫寶鑑)』, 『본초강목(本草綱目)』,
『약용식물사전(藥用植物事典)』 등 이외에도 수많은 비방전(秘方典)이 있다.
이들 비방전 속에는 건강에 도움을 주는 방법이 수없이 많다.
필자는 이 많은 비법 중에 쉽게 활용할 수 있는 것만을 골라서 실제
약초(藥草)의 컬러 사진과 함께 실어 쉽게 알고 찾아 쓸 수 있도록 하였다.
근래 들어 민간 요법(民間療法)이 마치 죽은 사람도 살리고 불치의 중병도
치유시킬 수 있는 듯 과장되어 소개되거나 잘못 전달되어 오히려
건강을 해치는 사례가 종종 있는 것 같다.
큰 병이 생겼다면 마땅히 전문의에게 치료를 받는 것이 우선이다.
다만 민간 요법에서는, 콩이나 참깨 중에도 어느 색깔의 콩과 깨가 몸에
유익한지 그리고 채소 같은 무도 어떻게 먹으면 건강에 도움을 주는지
등의 간단한 생활 의학을 가르쳐 주는 것이다. 시장에 흔하게 쌓여 있는
부추나 미나리, 마늘 한쪽이라도 제대로 먹으면 더위나 감기 따위를
예방할 수 있다. 이런 간단한 건강법은 생활에 커다란 지혜가 될 것이다.
우리 주변에는 서로 모양과 색깔이 같아 같은 식물로 취급하지만 전혀
다른 경우가 있는가 하면, 독성(毒性)이 많은 것을 함부로 이용하는
경우도 흔히 있다. 또 같은 식물인데도 지방에 따라 다르게 불러
혼동하는 경우도 있다.
이 책에서는 이러한 폐단을 해소하기 위하여 각 지방에서 부르는
속명이나 약 이름 또는 꽃 이름과 원래의 식물 이름, 한방 약 이름,
학명까지 모두 기록하였다.
이 작은 책자를 통하여 약초에 대한 정확한 지식을 얻어 건강한 생활을
하게 되기를 기원하는 바이다.

1998년 4월

김태정

●일러두기

1. 이 책에는 모두 166종의 민간 약초를 꽃색에 따라 '흰색', '노란색', '녹색', '붉은색'으로 구분하여 실었다.
2. 약초에 대한 정보로 과명, 학명, 속명, 분포지, 높이, 생육상, 개화기, 꽃색, 결실기, 용도, 효능, 민간 요법을 실었다.
3. 먼저 민간 약초 이름을 한자와 함께 표기한 후 식물 이름을 적었다.
   예) 선모초(仙母草) - 구절초
4. 각 식물의 민간 요법에는 출전을 밝혀 두었다.
5. 찾아보기는 식물 이름과 약 이름을 구분하여 실었다.

차 례

흰민들레

흰색

선모초(仙母草)－구절초

국화과
Chrysanthemum zawadskii var. latilobum KITAMURA.

10

속명/고호(苦蒿) · 고봉(苦蓬) · 창다구이 · 들국화
분포지/전국의 산과 들 산기슭 및 길가의 초원
높이/50㎝ 안팎
생육상/여러해살이풀
개화기/9~10월
꽃색/흰색
결실기/10~11월
특징/땅속 줄기(地下莖)가 옆으로 뻗으면서 번식하며
9월 9일에 채집해야 약효가 좋다 하여 구절초라 한다.
용도/관상용 · 약용

약재

효능
건위(健胃) · 보익(補益) · 강장(强壯) · 정혈(淨血) ·
식욕촉진(食慾促進) · 중풍(中風) · 신경통(神經痛) ·
부인병(婦人病) · 보온(補溫) 등의 약으로 쓴다.

11

민간 요법

예로부터 가을에 구절초의 풀 전체를 꽃이 달린 채로 말린 후
달여 복용하면 부인병에 보온용(補溫用)으로 탁월한 효과가 있다 하여
약이름이 선모초(仙母草)라 지어졌다. 『약용식물사전(藥用植物事典)』
옛날부터 9월 9일에 이 풀을 채취하여 엮어서 매달아 두고 여인의 손발이
차거나 산후(産後) 냉기가 있을 때에 달여서 마시는 상비약으로 써 왔다.
또 꽃을 말려서 술에 적당히 넣고 약 1개월이 지난 후에 먹으면 은은한
국향(菊香)과 더불어 강장제(强壯劑)·식욕촉진제(食慾促進劑)가 된다고
하며, 이 때 술은 배갈이 좋다고 하였다. 『약용식물사전(藥用植物事典)』

산구절초 *Chrysanthemum Zawadskii* HERBICH.

각지의 높은 산에서 많이 자라고
대개는 군락을 이루고 자란다.
높이 10~60cm이며 8~9월에 흰색 꽃이 피고
10월에 씨가 익는다.

바위구절초 *Chrysanthemum Zawadskii var. alpinum* KITAMURA.

백두산의 고원지 및 고산 지대에 자생하는
고산 식물이다. 높이 20cm 안팎으로
8~9월에 흰색, 연한 자주색, 연한 붉은색 꽃이 피고
10월에 씨가 익는다.

부평초(浮萍草)–개구리밥

개구리밥과
Spirodela polyrhiza (L.) SCHLEID.

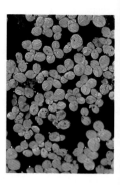

속명/자배(紫背) · 부평(浮萍) · 수평(水萍) · 평초(萍草) ·
자배부평(紫背浮萍) · 다근부평(多根浮萍) · 머구리밥
분포지/전국의 들녘 논의 도랑이나 연못 등의 물위
높이/5~6㎜
생육상/여러해살이풀
개화기/7~8월
꽃색/흰색
결실기/10월
특징/식물체가 잎 같으며 모체(母體)에 생긴 둥근 겨울눈(冬芽)이
물속에 가라앉았다가 다음해에 다시 물위로 떠올라 번식한다. 수생 식물
용도/관상용 · 약용

효능

풀 전체를 지갈(止渴) · 충독(蟲毒) · 수독(水毒) · 양모(養毛) ·
당뇨병(糖尿病) · 임질(淋疾) · 화상(火傷) · 강장(强壯) · 발한(發汗) ·
해독(解毒) · 이뇨(利尿) 등의 약으로 쓴다.

민간 요법

중풍(中風)으로 인한 반신 불수에는 잎 뒷면이 자줏빛이 나는 개구리밥
약 300g을 말려서 가루로 만든다. 이것을 꿀에 개어 새끼손가락
끝 마디만한 환(丸)으로 만들어 저녁마다 두 알씩 섞어 먹고
땀을 내면 효과가 있다. 『정요신방(丁堯臣方)』

좀개구리밥 *Lemna paucicostata* HEGELM.

각지의 논이나 연못 등지의 물위에 떠서 자라는
여러해살이풀이다. 잎같이 생긴 넓은 타원형으로
8월에 흰꽃이 피고 개구리밥과 같은 형태로
번식한다.

호유(胡荽)-고수

미나리과
Coriandrum sativum LINNE.

14

속명/호유실(胡荽實) · 천초(川椒) · 향유(香荽) · 향채(香茶) ·
향채자(香茶子) · 원유자(芫荽子) · 원유(芫荽) · 고식풀 · 고수풀 · 빈대풀
분포지/대개 사찰 등에서 재배, 지중해 원산
높이/30~60cm
생육상/한해살이풀
개화기/6~7월
꽃색/흰색
결실기/8월
특징/원줄기는 곧게 서고 속이 비어 있으며 가지가 갈라진다.
식물 전체에서 독특한 향(香)이 나서 향료재(香料材)로 쓴다.
용도/식용 · 약용

효능

씨를 진정(鎭靜) · 치풍(治風) · 고혈압(高血壓) · 건위(健胃) ·
구풍(驅風) 등의 약으로 쓴다.

민간 요법

대변하혈(大便下血)에는 고수의 열매를 뜨거운 떡 속에 넣어 먹으면
효과가 있다. 『보제방(普濟方)』

학질(瘧疾:말라리아)에는 고수의 풀 전체를 짓 찧어 즙(汁)을 내어
술(酒) 반 잔에 타서 마시면 매우 효과가 있다. 『집간방(集簡方)』

건위(健胃) · 구풍(驅風) · 발한(發汗) · 거담(祛痰) 등에 고수의 열매를
1일 2~6g을 달여서 마신다. 『약용식물사전(藥用植物事典)』

고수의 풀은 음식물을 소화(消化)시키고 소장(小腸)의 기(氣)를
통(通)하게 하며 창(瘡:부스럼)을 다스린다.

씨는 어린아이의 독창(毒瘡)과 치질(痔疾) · 육류 중독(肉類中毒) ·
하혈(下血)을 다스린다. 『본초강목(本草綱目)』

용규(龍葵) - 까마중

가지과
Solanum nigrum LINNE.

16

속명/용안초(龍眼草) · 천가(天茄) · 고규(苦葵) · 흑성성(黑星星) ·
야해초(野海椒) · 까마종이 · 강태
분포지/전국의 들녘 집 근처 텃밭 및 길가
높이/20~90㎝
생육상/한해살이풀
개화기/5~9월
꽃색/흰색
결실기/8~10월
특징/원줄기에 능선이 있고 가지가 옆으로 많이 퍼진다.
여름부터 열매가 까맣게 익기 때문에 까마중이라 하고,
검은 열매가 용의 눈알 같다 하여 용안초라 한다. 유독성 식물
용도/식용 · 약용

효능

풀 전체를 학질(瘧疾) · 신경통(神經痛) · 이뇨(利尿) ·
진통(鎭痛) · 종기(腫氣) · 탈항(脫肛) · 부종(浮腫) ·
대하증(帶下症) · 좌골신경통(坐骨神經痛) 등의 약으로 쓴다.

민간 요법

해열(解熱) · 기관지염(氣管肢炎) · 기침멎이 · 호흡기 질환 · 눈병
등에는 꽃과 열매가 달려 있는 까마중의 풀 전체를 가을에 채집하여
말려 두고, 이것을 1일 물 0.5리터에 0.1~0.5g을 넣고 달여 복용하면
효과 있다. 『약용식물사전(藥用植物事典)』
검게 익은 까마중의 열매를 적당히 먹으면 보신(補身)이 된다.
그러나 이 풀은 독성이 있으므로 주의해야 한다. 『집간방(集簡方)』

산장초(酸漿草)-꽈리

가지과
Physalis alkekengi var. francheti (MASTERS) HORT.

속명/산장근(酸漿根) ·
등룡초(燈龍草) ·
왕모주(王母珠) ·
홍고랑(紅姑娘) ·
홍과랑(紅瓜囊) ·
홍랑자(紅娘子) ·
꾸아리 · 꼬아리 ·
고랑(姑娘)
분포지/전국의 산골짜기
높이/40~80cm
생육상/여러해살이풀
개화기/6~8월
꽃색/흰색
결실기/9~10월
특징/털이 없고 땅속 줄기
(地下莖)가 길게 뻗어
번식한다. 꽃받침이
열매를 완전히 둘러싸고
붉게 익는다. 열매의 씨를
빼내고 입 속에 넣고 불면
꾸악꾸악 소리가 나서
꾸아리라 한다.
용도/식용 · 관상용 · 약용

효능

뿌리와 열매를 기생충구제(寄生蟲求劑)·해열(解熱)·통경(通經)·
안질(眼疾)·임파선염(淋巴腺炎)·거풍(祛風)·황달(黃疸)·난산(難産)·
진통(鎭痛)·해독(解毒)·간염(肝炎)·간경화(肝硬化)·자궁염(子宮炎)·
이뇨(利尿)·조경(調經) 등의 약으로 쓴다.

민간 요법

돼지고기를 먹고 체한 데에는 꽈리의 뿌리를 적당히 달여서 마시면
즉시 통(通)한다.『단방비요(單方秘要)』
꽈리는 성질이 차고 맛은 시며 독은 없다.
열의 번만(煩懣 : 가슴이 답답함)을 다스리고 소변(小便)을 통리하며
난산(難産)과 후비(喉痺)를 다스린다.『본초비요(本草備要)』
산장근(酸漿根)은 꽈리의 뿌리를 건조한 것으로 자궁(子宮)의
긴축 연동(緊縮蠕動)을 촉진히는 히스티딘 성분을 함유하고 있으며,
풀 전체에는 고미질(苦味質)이 함유되어 있다.『약용식물사전(藥用植物事典)』

제채(薺菜)-냉이

십자화과
Capsella bursa-pastoris (L.) MEDICUS.

속명/대제(大薺) · 지인채(地人菜) · 낭낭지갑(娘娘指甲) · 양근초(羊筋草) ·
제채자(薺菜子) · 제채화(薺菜花) · 구륜초(九輪草) · 나숭게 · 나생이
분포지/전국의 집 근처 텃밭이나 길가
높이/10~50㎝
생육상/두해살이풀
개화기/4~6월
꽃색/흰색
결실기/6~7월
특징/전체에 털이 있고 곧게 자라며 흰색의 뿌리는 땅속으로 곧게 들어간다.
용도/식용 · 약용

열매

효능

풀 전체 및 잎을 폐염(肺炎) · 이뇨(利尿) · 회충(蛔蟲) ·
두통(頭痛) · 천식(喘息) · 부종(浮腫) · 임질(淋疾) ·
치통(齒痛) · 토혈(吐血) · 해열(解熱) 등의 약으로 쓴다.

민간 요법

고혈압(高血壓)에는 냉이를 1일 20g 정도씩 달여 차(茶) 대용으로
장기간 복용하면 효과가 있다. 『약초지식(藥草知識)』

변혈(便血)에는 냉이의 즙(汁) 반 공기 정도와 술 한 공기를 혼합하여
약 3일 정도 공복에 마시면 효과가 있다. 『신비방(神秘方)』

적리(赤痢)에는 냉이의 풀 전체를 말린 후 볶아서 가루로 만들어
1회 1돈씩 물에 타서 마시면 대단히 효과가 있다. 『경험양방(經驗良方)』

냉이는 간기(肝氣)를 통리하고 내장(內腸)을 고르게 한다.
냉이 죽을 먹으면 피를 맑게 하고 눈을 밝게 한다. 『본초비요(本草備要)』

말냉이 *Thlaspi arvense* LINNE.

전국의 집 근처 텃밭이나 길가에서 자라는
두해살이풀이다. 전체적으로 회녹색이 돌며 털이
없고 줄기에 능선이 있다. 높이 60cm 안팎으로
4~5월에 흰색 꽃이 피고 6월에 열매가 열린다.

녹제초(鹿蹄草)-노루발풀

노루발풀과
Pyrola japonica KIENZE.

속명/일본녹제초(日本鹿蹄草)·녹함초(鹿衝草)·파혈단(破血丹)
분포지/전국의 산기슭 나무 밑 그늘
높이/15~30cm
생육상/여러해살이풀
개화기/6~7월
꽃색/흰색
결실기/8월
특징/뿌리 줄기(根莖)가 옆으로 길게 뻗는다. 상록성 식물
용도/관상용·약용

효능
풀 전체 또는 줄기와 잎을 이뇨(利尿)·방부(防腐)·충독(蟲毒)·
수렴(收斂)·각기(脚氣)·절상(切傷) 등의 약으로 쓴다.

민간 요법

칼에 베인 상처, 뱀 등에 물렸거나 독충(毒蟲) 등에 쏘였을 때의 상처에
노루발풀의 잎을 으깨어 짜낸 즙(汁)을 환부(患部)에 문질러 바르면
출혈(出血)이 멎고 통증이 없어진다. 짜낸 즙에 소금을 약간 넣고
바르기도 한다. 『약초지식(藥草知識)』

폐병(肺病)·늑막염(肋膜炎)에는 노루발풀 말린 잎 1일분 6~15g을
물 0.5리터에 넣고 달여 3회로 나누어 복용하면 효과가 있다.
말린 잎을 달인 즙(汁)은 각기(脚氣)에도 뛰어난 효과가 있다.
『경험양방(經驗良方)』

황정(黃精)-둥굴레

백합과
Polygonatum odoratum var. pluriflorum OHWI.

약재

속명/편황정(片黃精) ·
위유(萎蕤) · 해죽(海竹) ·
옥죽(玉竹) · 토죽(菟竹) ·
선인반(仙人飯) ·
산옥죽(山玉竹) ·
죽대 · 필관채(筆管菜) ·
영당채(鈴當菜) · 조위(鳥萎)
분포지/전국의 산과 들
숲속 그늘이나 숲 가장자리
높이/30~60cm
생육상/여러해살이풀
개화기/5~7월
꽃색/흰색
결실기/10월
특징/땅속의 뿌리 줄기
(根莖)는 육질(肉質)로
옆으로 뻗는다.
용도/식용 · 관상용 · 약용

효능
폐염(肺炎) · 강심(强心) ·
자양(滋養) · 강장(强壯) ·
장생(長生) · 명안(明眼) ·
안오장(安五臟) · 당뇨병
(糖尿病) · 풍습(風濕)
등의 약으로 쓴다.

민간 요법

황정(黃精)과 진황정(眞黃精)은 병(病)을 앓고 난 후 허약한
사람에게 자양(滋養) · 완화제(緩和劑)로서 많이 이용되고 있다.
달콤한 맛이 나며 특히 오장(五臟)에 좋은 영양을 준다. 『약초지식(藥草知識)』
둥굴레는 뿌리와 줄기에 강장(强壯) · 강정(强精)의 효과가 있어 예부터
자양 강장제로 많이 쓰였다. 뿌리를 쪄서 먹거나 탕으로 달여서 먹는데
여인네들이 둥굴레의 뿌리로 강정제를 만들어 숨겨 놓고 팔기도 했다고
한다. 둥굴레 뿌리를 끓인 것을 황정탕(黃精湯)이라 한다.
『약초의 지식(藥草의 知識)』

층층둥굴레 *Polygonatum stenophyllum* MAXIM.

여러해살이풀로 높이 30~90cm이고
잎이 층층으로 나 있다. 6~7월에 연한 노란색
꽃이 피고 땅속의 뿌리 줄기를 둥굴레와
같은 용도에 쓴다.

소산(小蒜)–달래

백합과
Allium monanthum MAXIM.

26

속명/야산(野蒜) · 소근채(小根菜) · 산산(山蒜) · 일본총(日本蔥) · 산달래
분포지/전국의 산과 들 대개 낮은 지대의 밭뚝
높이/5~12cm
생육상/여러해살이풀
개화기/4~5월
꽃색/흰색
결실기/7월
특징/땅속의 비늘 줄기(鱗莖)는 껍질이 두껍고
물결 모양으로 꾸불꾸불하다. 방향성 식물
용도/식용 · 약용

주아

효능

비늘 줄기 및 풀 전체를 보익(補益)·청혈(淸血)·지한(止汗)·
중풍(中風)·적백리(赤白痢)·안태(安胎)·이뇨(利尿)·부종(浮腫)·
양혈(養血)·건뇌(健腦)·명안(明眼)·골절통(骨節痛)·각종(脚腫)·
곽란(藿亂) 등에 약으로 쓴다.

민간 요법

장(臟) 카타르·위암(胃癌)·불면증(不眠症) 및 보혈(補血) 약으로서
풀 전체를 달여 마시면 효과가 있다. 또한 독충(毒蟲)에 물렸을 때
뿌리와 줄기를 짓찧어 국소에 붙이면 해독(解毒)되며, 이것을 밀가루에
반죽하여 타박상(打撲傷)에 붙이면 대단히 효과가 있다고 한다.
『약용식물사전(藥用植物事典)』

정력(精力) 증진의 보건 음료로서 비늘 줄기와 수염뿌리를 함께 물에 씻어
소주에 담근 다음 약 15일 경과 후에 매일 조금씩 마신다. 식도암(食道癌)·
자궁출혈(子宮出血)·월경불통(月經不通)에는 생뿌리를 먹거나 또는
태워서 먹는다. 『약초의 지식(藥草의 知識)』

호라복(胡蘿蔔)-당근

미나리과
Daucus carota var. sativa DL.

28

속명/홍대근(紅大根) · 홍피라복(紅皮蘿蔔) · 홍라복(紅蘿蔔) · 홍당무
분포지/채소로 널리 재배한다. 지중해 원산
높이/100㎝ 안팎
생육상/두해살이풀
개화기/7~8월
꽃색/흰색
결실기/10월
특징/곧게 자라고 뿌리는 굵으며 곧게 뻗는다.
용도/식용 · 약용

효능

씨와 뿌리를 익정(益精) · 익기(益氣) · 폐염(肺炎) · 부종(浮腫) ·
고혈압(高血壓) · 중풍(中風) · 대하증(帶下症) · 신경통(神經痛) ·
구충(驅蟲) 등의 약으로 쓴다.

민간 요법

당근의 뿌리가 붉은색이거나 노란색인 것은 비타민 A를 다량
함유하고 있는 카로틴이란 색소를 지니고 있기 때문이다.
우리가 늘상 먹고 있는 채소류 중에서 으뜸으로 꼽히는 영양이 풍부한
식품으로 식용 인삼(人蔘)이라 할 정도로 우리 몸에 좋은 식물이다.
60㎝ 길이의 당근과 사과 한 개를 깨끗이 썻은 다음 껍질을 벗기지
않은 채로 강판에 갈아서 가제나 헝겊으로 즙(汁)만 짜낸다.
이 즙(汁)에 각자의 식성에 맞게 꿀을 첨가하여 매일 아침에 한 컵씩
2~3개월 가량 먹으면 원기가 회복되고 몸이 더위지며 정력(精力)에
큰 효과를 얻을 수 있다. 『식이요법(食餌療法)』

임(荏)-들깨

꿀풀과
Perilla frutescens var. Japonica HARA.

30

속명/수임(水荏) · 취소(臭蘇) · 백소(白蘇) · 임자(荏子) · 소마(蘇馬) ·
백소자(白蘇子) · 소승자

분포지/농가에서 재배한다. 동남 아시아 원산

높이/60~90cm

생육상/한해살이풀

개화기/8~9월

꽃색/흰색

결실기/10월

특징/줄기가 네모지고 가지가 많이 갈라지며 잎에서 특이한 향(香)이 난다.

용도/식용 · 공업용 · 약용

효능

씨를 강장(强壯) · 해수(咳嗽) · 소화(消化) · 충독(蟲毒) · 음종(陰腫) ·
해독(解毒) 등의 약으로 쓴다.

민간 요법

북한의 강계(江界) 지방은 예로부터 깨죽으로 이름이 나 있다.

옛부터 들깨죽은 피부(皮膚)를 곱게 한다 하였다. 어머니들은 딸을
출가시키면서 피부를 곱게 해주기 위해 별미 음식으로 특별히 많이 먹게
하였으며, 신혼 생활 중에도 들깨죽을 끓여 먹으며 남편의 시중을 드는
것이 이 지방의 풍습이다. 『식이요법(食餌療法)』

들깨죽은 들깨와 멥쌀을 물에 불려 맷돌에 갈아서 함께 쑨 죽으로
옛부터 노인(老人)의 보신(補身)과 병(病) 후 회복을 위해 많이 먹는
음식이라고 하였다. 『식이요법(食餌療法)』

들깨는 기(氣)를 내리고 기침을 그치게 하며 갈증을 덮어 주고 간(肝)과
위(胃)를 보하며 정수(精髓)를 돕는다. 씨를 갈아서 쌀에 섞어 죽을 쑤어
먹으면 살이 찌고 기를 내리며 보익(補益)한다. 또한 깻잎은 내장(內臟)을
고르게 하고 취기(醉氣)를 없애며 토기(吐氣)와 담(痰)이 있는 기침을
다스린다. 『본초비요(本草備要)』

관동화(款冬花)-머위

국화과
Petasites japonicus (S. et Z.) MAXIM.

속명/봉두엽(蜂斗葉) · 관동초(款冬草) · 봉두채(蜂斗菜) ·
사두초(蛇頭草) · 머웃대
분포지/제주도 · 울릉도 · 남부 · 중부 지방의 낮은 곳 논뚝 등 습기 있는 곳
높이/5~45cm
생육상/여러해살이풀
개화기/3~4월
꽃색/흰색
결실기/6월

약재

특징/땅속 줄기(地下莖)가 사방으로 뻗으며 번식하고,
잎이 나오기 전에 꽃봉오리가 먼저 나온다. .
용도/식용 · 관상용 · 약용

효능

꽃봉오리와 풀 전체를 보신(補腎) · 건정신(健精神) · 건위(健胃) ·
수종(水腫) · 보비(補脾) · 식욕촉진(食慾促進) · 진정(鎭靜) · 안안(安眼) ·
이뇨(利尿) · 풍습(風濕) · 진해(鎭咳) 등의 약으로 쓴다.

민간 요법

머위는 이른봄 일찍 나오는 작고 부드러운 잎과 잎자루를 채취하여
더운 물에 살짝 데쳐서 초고추장으로 양념하여 먹으면 강장식(强壯食)이
되며 예부터 정력(精力)에 큰 도움이 된다고 하였다.
또한 식욕촉진(食慾促進)에 특효가 있으며 특히 남성에게
많이 먹게 하라고 하였다. 『식이요법(食餌療法)』
생선 중독에는 머위 잎과 줄기를 짠 즙(汁)을 마시면 효과가 있으며,
벌레 물린 데는 머위 즙을 바르면 효과가 크다. 『약초지식(藥草知識)』

산약(山藥)-마

마과
Dioscorea batatas DECNE.

34

약재

속명/서여(薯蕷)·선산약(鮮山藥)·감서(甘薯)·야서(野薯)·산우(山芋)·산약두(山藥豆)
분포지/전국의 산에서 자라고, 밭에서 재배한다.
높이/길이 200cm 안팎
생육상/여러해살이풀
개화기/6~7월
꽃색/흰색
결실기/10월
특징/육아(肉芽)로 번식하며 뿌리는 육질(肉質)로 땅속 깊이 들어간다. 덩굴성 식물
용도/식용·약용

효능

자양(滋養)·보로(保老)·요통(腰痛)·건위(健胃)·강장(强壯)·동상(凍傷)·화상(火傷)·유종(乳腫)·심장염(心臟炎)·갑상선종(甲狀腺腫)·양모(養毛) 등의 약으로 쓴다.

민간 요법

도한(盜汗) · 유정(遺精) · 이뇨(利尿) 등의 증상에 1일 15g 정도를
달여서 마신다. 이외에 부스럼 · 동상(凍傷) · 화상(火傷) · 뜸자리 헌 데 ·
유종(乳腫) 등에는 생뿌리를 강판에 갈아서 밀가루로 반죽하여
종이에 발라 붙인다. 『약초지식(藥草知識)』

마는 허로(虛勞)와 몸이 쇠약한 것을 보하며 오장(五臟)을 튼튼히 하여
기력(氣力)을 증강시킨다. 또한 근육과 뼈를 강하게 하며 정신(精神)을
편하게 한다. 봄 · 가을에 뿌리를 캐어 굵어 보아 흰빛이 나는 것이
좋은 것으로 삶으면 식용할 수 있으나 단, 많이 먹으면 기(氣)가 체한다.
『본초강목(本草綱目)』

단풍마 *Dioscorea quinqueloba* THUNB.

각지의 산에 자라는 여러해살이 덩굴 식물이다.
길이 200cm 안팎으로 땅속에 굵은 덩이 뿌리(塊根)가
있고 잎이 단풍잎 같으며 6~7월에 흰 꽃이 핀다.

근채(芹菜)-미나리

미나리과
Oenanthe javanica (BL.) DC.

36

속명/근(芹)·수근(水芹)·
돌미나리·수근채(水芹菜)
수점(水繁)·야근채(野芹菜)
분포지/전국의 들녘
낮은 지대 도랑가나 논
높이/30cm 안팎
생육상/여러해살이풀
개화기/7~9월
꽃색/흰색
결실기/9~10월
특징/털이 없고 원줄기는
능각(稜角)이 있다.
용도/식용·약용

효능
뿌리까지 풀 전체를
양신(養神)·익정(益精)·
주독(酒毒)·장염(腸炎)·
황달(黃疸)·해열(解熱)·
대하증(帶下症)·
식욕촉진(食慾促進)·
수종(水腫)·정혈(淨血)·
고혈압(高血壓)·
신경통(神經痛) 등의
약으로 쓴다.

민간 요법

혈압(血壓)이 높고 신열이 심할 때에는 미나리의
생즙(生汁)을 마시면 효과가 뛰어나다. 『식요험방(食療驗方)』

혈변(血便)에는 생미나리를 짓찧어 즙(汁)을 내어 한 공기씩
1일 2번 복용하면 즉시 효과가 있다. 『성제총록(聖濟總錄)』

임질(淋疾)에는 생미나리를 뿌리와 잎을 따 버리고 짓찧어 즙(汁)을
내어 한 공기씩 1일 2번 장복하면 매우 좋아진다. 『성혜방(聖惠方)』

황달(黃疸)에는 야생 생미나리를 뿌리까지 깨끗이 씻어 짓찧어 즙(汁)을
내어 아침 저녁으로 한 공기씩 마시든가 또는 삶아서 계속 먹으면
효과가 있다 하였고, 다만 이른봄에 하라고 하였다. 『족본신편(足本新篇)』

능실(菱實)-마름

마름과
Trapa Japonica FLEROV.

38

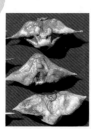

열매 말린 것

속명/능초(菱草)·
능(菱)·능각(菱角)·
말음풀·골뱅이
분포지/전국의 들녘
연못이나 도랑의 물에
떠서 자란다.
높이/길이 2m 안팎
생육상/한해살이풀
개화기/7~8월
꽃색/흰색
결실기/10월
특징/뿌리가 물밑의
땅속에 내린 후 길게
길어 물위에 뜬다.
수생 식물
용도/식용·관상용·약용

효능
열매를 해열(解熱) · 치암(治癌) · 강장(强壯) 등의 약으로 쓴다.

민간 요법
마름의 열매 4~5개를 물 0.7리터에 넣고 반량이 될 때까지 달여
1일 3회 식사 전에 나누어 마시면 주독(酒毒) · 태독(胎毒) 등에
효과가 있고, 부인병(婦人病)에는 영양제가 되며 눈을 밝게 한다.
『민간 요법(民間療法)』

마름의 열매를 생식(生食)하면 소화(消化)가 촉진되지만
너무 많이 먹으면 오히려 좋지 않다. 『약초지식(藥草知識)』

교맥(蕎麥)-메밀

여뀌과
Fagopyrum esculentum MOENCH.

40

속명/옥맥(玉麥) ·
화교(花蕎) · 교(蕎) ·
삼각맥(三角麥) ·
목맥(木麥) · 모밀
분포지/농가에서
흔히 재배한다.
중앙 아시아 원산
높이/40~70cm
생육상/한해살이풀
개화기/7~10월
꽃색/흰색
결실기/10~11월
특징/원줄기는
녹색이지만 흔히
붉은빛이 돌고
속은 비어 있다.
열매는 세모지며
전분으로 메밀묵이나
국수를 만든다.
용도/식용 · 공업용 ·
밀원용 · 약용

효능

씨를 민간에서 약으로 쓴다.

민간 요법

타신(打身)과 손가락병 등에는 메밀 가루를 술로 반죽하여
환부(患部)에 붙이면 효과가 있다. 『민간험방(民間驗方)』
습창(濕瘡)에는 메밀 가루에 명반(明礬:백반)을 섞은 후
이것을 풀로 반죽하여 바르면 효과가 있다. 『외태묘요(外台妙要)』
교맥(蕎麥)은 약성이 달고 차다. 이는 오장(五臟)의 기능을
단련시켜 주고 익기(益氣)와 혈압 조절(血壓調節) 등의 작용을 한다.
『본초강목(本草綱目)』

호이초(虎耳草)-바위취

범의귀과
Saxifraga stolonifera MEERB.

속명/동이초(疼耳草) · 석하엽(石荷葉) · 등이초(燈耳草) · 범의귀
분포지/남부 · 중부 지방의 산 바위틈에 자라고, 대개는 집안에
관상초로 심는다.
높이/20~40cm
생육상/여러해살이풀
개화기/5~6월
꽃색/흰색
결실기/8월

꽃

특징/그늘진 곳에서 잘 자라고 습기가 있는 곳에서는
더 잘 자라며 전체에 털이 있다. 상록성 식물
용도/식용 · 관상용 · 약용

효능

풀 전체를 보익(補益) · 백일해(百日咳) · 종처(腫處) · 화상(火傷) ·
동상(凍傷) 등의 약으로 쓴다.

민간 요법

바위취의 잎은 어린이 경련(痙攣) · 종기(腫氣) · 화상(火傷) · 치질(痔疾) ·
해열(解熱) · 귓병 등에 효과가 있으며, 특히 어린이 경련(痙攣)에는
잎 열 장쯤을 잘 씻어 소금을 조금 넣고 문댄 후 그 즙(汁)을 짜서
잎 속에 넣어 두면 효과가 뛰어나다. 『약초지식(藥草知識)』
심장병(心臟病) · 신장병(腎臟病)에는 그늘에 말린 잎사귀 열 장쯤을
0.35리터(약 2홉)의 물에 달여서 마시면 효과가 있다. 『족본신편(足本新篇)』

포과(匏瓜)-박

외과
Lagenaria leucantha RUSBY.

44

속명/포(匏) · 첨호(甛瓠) ·
호자(瓠子) · 박아지 ·
호로박
분포지/각지에서 흔히
심는다.
높이/10m 안팎
생육상/한해살이풀
개화기/7~9월
꽃색/흰색
결실기/10월
특징/덩굴손이 있어
감으며 올라가고
열매가 크게 열린다.
용도/식용 · 공업용 · 약용

효능

씨 및 열매 껍질을 백일해(百日咳) 등의 약으로 쓴다.

민간 요법

어류(魚類)·게류·버섯류 등의 중독(中毒)에는 열매의 껍질을 달여
마시거나 덜 익은 열매의 즙(汁)을 짜서 마시면 효과 있다. 『향토의학(鄕土醫學)』
치질(痔疾)에는 씨를 달인 즙(汁)으로 환부(患部)를 씻으면 좋고, 아울러
어린이의 설사에는 덜 익은 과실(果實)을 으깨어 그 즙을 마시게 하면
효과가 있다. 『응중거방(應中擧方)』
씨 또는 껍질 말린 것을 달여 마시거나 또는 과실의 살을 요리해서 먹으면
이뇨(利尿)에 효과가 있으며, 수종(水腫)·각기(脚氣)·치질(痔疾) 및
부녀자의 월경불순(月經不順) 등에도 좋은 효과가 있다. 『다산방(茶山方)』

방풍(防風)-방풍

미나리과
Ledebouriella seseloides (HOFFM.) WOLFF.

46

속명/진방풍(眞防風) ·
산방풍(山防風) · 방풍나무
분포지/제주도 · 남부 ·
중부 지방의 산과 들에
자라며, 밭에 재배도 한다.
높이/100cm 안팎
생육상/여러해살이풀
개화기/7~8월
꽃색/흰색
결실기/10월
특징/전체에 털이 없으며
가지가 많이 갈라지고
특이한 향(香)이 난다.
용도/식용 · 약용

효능
뿌리를 관절염(關節炎) ·
사기(邪氣) · 골통(骨痛) ·
도한(盜汗) · 해열(解熱) ·
진통(鎭痛) · 풍질(風疾) ·
거담(祛痰) · 감기(感氣) ·
두통(頭痛) · 발한(發汗) ·
식중독(食中毒) 등의
약으로 쓴다.

민간 요법

방풍은 예로부터 중풍(中風)을 막아 준다는 데서 얻어진 이름으로
중풍의 묘약이라 하였다. 『약초지식(藥草知識)』
방풍의 뿌리 한줌 정도를 그 반량이 될 때까지 적당한 물에
오랫동안 달여 1일 3회로 나누어 장복하면 두통(頭痛) 등에
효과가 있다. 『남초방(南初方)』

갯방풍 *Glehnia littoralis* FR. SCHM.

각지의 바닷가 모래땅에 자란다.
높이 5~20cm이고 6~7월에 흰꽃이 피며
방풍의 대용 약재로 쓴다.

번루(繁蔞)-별꽃

석죽과
Stellaria media VILLARS.

48

속명/계장초(鷄腸草) · 계장채(鷄腸菜) · 성성초(星星草) · 닭의씨까비
분포지/전국의 들녘 집 부근의 빈터나 텃밭
높이/10~20cm
생육상/두해살이풀
개화기/3~6월
꽃색/흰색
결실기/5~7월
특징/자줏빛 도는 줄기에 한 줄의 털이 있으며 땅바닥을 기면서 자란다.
밑에서 가지가 많이 나와 모여 난 것 같다.
용도/식용 · 약용

효능

풀 전체를 최유(催乳) · 피임(避妊) · 창종(瘡腫) · 정혈(淨血) 등의
약으로 쓴다.

민간 요법

부인의 산후(産後) · 정혈(淨血) 및 최유(催乳)에 별꽃 전체 말린 것을
1일 10g 정도 달여 마시면 효과가 있다. 맹장염(盲腸炎)에는 물에
담가 두었다가 장복하면 뛰어난 효험이 있다. 『약용식물사전(藥用植物事典)』
별꽃은 독종(毒腫)을 주치하며 소변(小便)이 잦은 것을 그치게 하고
어혈(瘀血)을 흩어 버리며 오래된 악창을 다스린다. 『본초강목(本草綱目)』
별꽃은 맹장염(盲腸炎)의 묘약(妙藥)으로 만성 맹장염(盲腸炎)도
이 풀로 완치된다. 『민간약초(民間藥草)』

구(韭)-부추

백합과
Allium tuberosum ROTH.

50

열매

속명/구채(韭菜)·솔·
구백(韭白)·가구(家韭)·
구자(韭子)·정구지·염
분포지/농가에서 흔히
밭에 재배한다.
높이/30~40cm
생육상/여러해살이풀
개화기/7~8월
꽃색/흰색
결실기/10월
특징/비늘 줄기(鱗莖)
밑부분에 짧은
뿌리 줄기(根莖)가 있으며,
식물 전체에서 특이한
향(香)이 많이 난다.
용도/식용·약용

효능

풀 전체 및 비늘 줄기를
진통(鎭痛)·해독(解毒)·
하리(下痢)·후종(喉腫)·
정장(整腸)·화상(火傷)·
몽정(夢精)·건위(健胃)·
심장염(心臟炎) 등의
약으로 쓴다.

민간 요법

부추는 간(肝)과 심장(心臟)에 좋은 채소로 위(胃)를 보호하며
신(腎)에 양기(養氣)를 보하고 위열을 없애며 폐기(肺氣)를 돕는다.
아울러 어혈(瘀血)을 없애고 담(痰)을 제거한다. 즉 모든 혈증(血症)을
다스린다. 『본초비요(本草備要)』

구토(嘔吐)에는 부추의 생즙(生汁) 한 공기에 생강즙을 약간 넣어
마시면 특효가 있다. 『남초방(南初方)』

기침이 심할 때에는 부추의 생즙(生汁)을 한 되 가량 마시면 효과가 있다.
『집간방(集簡方)』

소변(小便) 불통에는 부추를 삶아 그 물로 배꼽의 아래부분을 씻으면
즉시 통한다. 『족본험방(足本驗方)』

월경불순(月經不順)에는 부추 생즙(生汁) 한 공기에 어린아이의
오줌 반 공기를 타서 뜨겁게 하여 마시면 즉시 효과가 있으며,
아이의 오줌이 아니면 그 효과가 느리다. 『응중거방(應中擧方)』

중풍(中風)으로 인사불성일 때에는 생부추 즙(汁)을 내어 한쪽 콧구멍에
떨어뜨린다. 심한 사람은 양쪽 귀에도 즙을 떨어뜨린다. 『천금방(千金方)』

창출(蒼朮)-삽주

국화과
Atractylodes Japonica KOIDZ.

52

약재

속명/백출(白朮) ·
적출(赤朮) · 동출(冬朮) ·
천생출(天生朮) ·
화창출(和蒼朮) ·
북창출(北蒼朮)
분포지/전국의
산 숲속이나
숲 가장자리의 초원에
자라고, 재배도 한다.
높이/30~100cm
생육상/여러해살이풀
개화기/7~10월
꽃색/흰색
결실기/10~11월
특징/땅속의 뿌리가
굵고 마디가 있으며,
잎 가장자리에 작고
톱니 같은 가시가 있다.
용도/식용 · 관상용 · 약용

효능

뿌리를 건위(健胃)·지한(止汗)·하리(下痢)·해열(解熱)·중풍(中風)·
이뇨(利尿)·결막염(結膜炎)·고혈압(高血壓)·현기증(眩氣症)·
발한(發汗) 등의 약으로 쓴다.

민간 요법

감기(感氣)에는 창출 12g, 생강 5조각, 감초 약간에 물 0.4리터를 붓고
그 반량이 될 때까지 달여 3회에 나누어 마신다. 『다산방(茶山方)』
중풍(中風)으로 입을 다문 채 기절했을 때에는 백출 15g에 물 0.7리터를
붓고 그 반량이 될 때까지 달여 마시면 효과가 있다. 『단방비방(單方秘方)』
이뇨(利尿)·해열(解熱)에는 창출 8~30g에 물 0.4리터를 붓고
그 반량이 되게 달여 3회로 나누어 마신다. 『경험양방(經驗良方)』
창출은 한방의 배합약으로서 중요시되고 널리 응용된다. 정초에 마시는
도소주(屠蘇酒)에 넣는 도소산(屠蘇酸)에도 쓰이는데 이 도소산은
모든 사기(邪氣)를 없애는 데 좋다. 『본초연의(本草衍義)』

당송초(唐松草)-산꿩의다리

미나리아재비과
Thalictrum filamentosum MAXIM.

속명/꿩의다리 ·
심산당송초(深山唐松草) ·
추당송초(秋唐松草)
분포지/남부 · 중부 ·
북부 지방의 산 숲속
높이/50cm 안팎
생육상/여러해살이풀
개화기/7～8월
꽃색/흰색
결실기/9～10월
특징/뿌리가 굵으며
풀잎이 삼지구엽초같이 세
개씩 달려 있어서
꽃이 없을 때에는
잘못 보기 쉬운 풀이다.
용도/식용 · 약용

효능

풀 전체를 건위(健胃) · 강장(强壯) 등의 약으로 쓴다.

민간 요법

질병으로 인하여 몸이 좋지 않을 때, 기분이 좋지 않을 때, 우울할 때에
이 풀을 먹으면 상쾌해지기에 이 풀을 애용한다. 삼지구엽초 대용으로
쓴다지만 이는 잘못된 것이다. 『본초비요(本草備要)』

차(茶) 대용으로 약 1개월 가량 장복하면 몸이 상쾌하고 가벼워지며
힘이 생기고 건위(健胃) · 강장(强壯) 등에 좋다. 용량은 1회분으로
말린 잎 4~5g을 물 0.2리터에 넣고 그 반량이 되도록 달여서
식후(食後)에 복용한다. 『단방비방(單方秘方)』

삼백초(三白草)-삼백초

삼백초과
Saururus chinensis BAILL.

꽃

속명/삼엽삼백초
(三葉三白草) ·
백설골(白舌骨) ·
백면골(白面骨) ·
물가삼백초 · 사우르
분포지/제주도의
남쪽 해안지에 자라고,
재배도 한다.
높이/50~100cm
생육상/여러해살이풀
개화기/6~8월
꽃색/흰색
결실기/7~8월
특징/뿌리 줄기(根莖)가
흰색으로 진흙 속에서
옆으로 뻗는다. 꽃이
필 무렵이면 위의
잎 세 개가 흰색으로
되기 때문에 삼백초라
불린다. 또는 뿌리와
잎과 꽃이 희기 때문
이라고도 한다.
용도/관상용 · 약용

효능

풀 전체 또는 뿌리 줄기를 각기(脚氣) · 중풍(中風) · 개선(疥癬) ·
이뇨(利尿) · 수종(水腫) · 임질(淋疾) · 간염(肝炎) · 폐염(肺炎) ·
변독(便毒) · 고혈압(高血壓) 등의 약으로 쓴다.

민간 요법

여인의 음부(陰部)가 부르트는 데에는 삼백초를 달인 즙(汁)으로 씻으면
효과가 있으며 달여서 마셔도 같은 효과가 있다. 『성제총록(聖濟總綠)』
타박상(打撲傷) · 독충(毒蟲)에 쏘인 데 · 치질통(痔疾痛)에는 잎과 줄기를
찧어 즙(汁)을 내어 바르면 효과가 있고, 말린 것을 달여서 그 즙(汁)으로
씻어도 좋다. 『민간약초(民間藥草)』

수선(水仙)-수선화

수선화과
Narcissus tazetta var. chinensis ROEM.

58

속명/수선창(水仙菖)·
금잔은대(金盞銀臺)·
설중화(雪中花)·
지선(地仙)
분포지/남부 지방에서
관상초로 흔히 심는다.
지중해 원산
높이/20~40cm
생육상/여러해살이풀
개화기/12월~3월
꽃색/흰색
결실기/5월
특징/땅속의 비늘 줄기
(鱗莖)는 껍질이 검다.
꽃을 위로 쳐들면
흰 접시 위에 금색의
술잔을 올려놓은 모양
같아 금잔은대라고 한다.
유독성 식물
용도/관상용·약용

효능

비늘 줄기를 백일해(百日咳)·폐염(肺炎)·천식(喘息)·종기(腫氣)·
토혈(吐血)·거담(祛痰) 등의 약으로 쓴다.

민간 요법

류머티즘·유선염(乳腺炎)에는 수선화의 비늘 줄기를 강판에 갈아서
그 반량의 밀가루와 10분의 1 정도의 장뇌정(樟腦精 : 알콜에 장뇌를
녹인 것)을 섞어 반죽한다. 이것을 헝겊에 고루 펴서 어깨 결리는 데,
신경통(神經痛) 등의 환부(患部)에 붙이면 좋은 효과가 있다.

『약초지식(藥草知識)』

산모(酸模)－싱아

여뀌과
Aconogonum polymorphum (LEDEB.) T. LEE.

속명/산장채(酸漿菜) · 광엽료(廣葉蓼) · 산양제(酸羊蹄) · 숭아 · 승아 · 승애
분포지/남부 · 중부 · 북부 지방의 산기슭 초원
높이/100㎝ 안팎
생육상/여러해살이풀
개화기/6~8월
꽃색/흰색
결실기/9~10월
특징/가지가 많이 갈라지며 줄기에서 신맛이 난다.
용도/식용 · 밀원용 · 약용

효능

뿌리 및 풀 전체를 구충(驅蟲)·치질(痔疾)·곽란(霍亂)·황달(黃疸)·
창종(瘡腫)·외치(外痔) 등의 약으로 쓴다.

민간 요법

싱아의 신선한 뿌리와 줄기를 짓찧어 즙(汁)을 내어 옴에 바르면
효과가 있다. 또한 꽃을 따서 말린 다음 달여서 마시면 건위(健胃)·
해열(解熱)에 좋고, 뿌리를 달인 즙(汁)은 외창(外瘡:부스럼)의
지혈제(止血劑)로도 효과가 있다. 『약용식물사전(藥用植物事典)』
싱아는 어린아이의 열(熱)을 다스리는데 쓰인다. 특히 그 싹을 따서
생식하거나 즙(汁)을 내서 먹이는데 맛이 시기 때문에
어린아이들이 먹기에 좋다. 『본초강목(本草綱目)』

완두(豌豆)-완두

콩과
Pisum sativum LINNE.

62

속명/서호두(西胡豆) ·
백완(白豌) · 한두(寒豆) ·
맥두(麥豆) · 완두콩
분포지/잡곡으로 흔히
재배한다. 유럽 원산
높이/100cm 안팎
생육상/한해 또는
두해살이풀
개화기/5~6월
꽃색/흰색, 자주색
결실기/6~7월
특징/전체에 털이 없고
줄기의 속이 비어 있으며,
덩굴 식물처럼 덩굴손이
나 있다.
용도/식용 · 약용

효능

씨를 민간에서 약으로 쓴다.

민간 요법

일명 탄두(呑豆)라 하기도 하며 위(胃)를 쾌하게 하고
오장(五臟)을 이롭게 한다. 차(茶)와 함께 먹기도 하고
볶아서 먹기도 한다. 『의학입문(醫學入門)』
젖이 나오지 않는 데에는 완두를 삶아서 먹으면 잘 나온다.
『식료본초(食療本草)』

영란(鈴蘭) - 은방울꽃

백합과
Convallaria keiskei MIQ.

64

속명/군영초(君影草)·
오월화(五月花)·
초옥란(草玉蘭)·
초옥령(草玉鈴)·
은방울
분포지/전국의 산 양지
바른 초원
높이/30㎝ 안팎
생육상/여러해살이풀
개화기/5~6월
꽃색/흰색
결실기/7월
특징/땅속의 긴
뿌리 줄기(根莖)의
군데군데에서 새싹이
나오기 때문에 대개
군락을 이룬다.
용도/관상용·약용

효능

뿌리 및 풀 전체를 강심(强心) · 이뇨(利尿) 등의 약으로 쓴다.

민간 요법

강심(强心) · 이뇨제(利尿劑)로서 은방울꽃의 꽃과 잎, 줄기,
땅속 줄기를 함께 그늘에 말려 잘게 썬 것 1돈을 3홉의 물로
잘 달인다. 이것을 1일 3회에 나누어 복용하면 효과가 있다.
『단방비방(單方秘方)』

차전초(車前草)-질경이

질경이과
Plantago asiatica LINNE

속명/차전자(車前子) · 차전(車前) · 차전채(車前菜) · 지의(地衣) ·
우모채(牛母菜) · 길장구
분포지/각지의 길가 또는 빈터
높이/10~50cm
생육상/여러해살이풀
개화기/6~8월
꽃색/흰색
결실기/9~10월
특징/원줄기가 없고 많은 잎이 뿌리에서 나와
비스듬히 퍼진다. 마차가 다니는 길바닥에
잘 자라는 데서 차전초라 한다.
용도/식용 · 약용

꽃

효능

풀 전체 및 씨를 진해(鎭咳) · 소염(消炎) · 이뇨(利尿) · 안질(眼疾) ·
강심(强心) · 음양(陰癢) · 심장병(心臟病) · 태독(胎毒) · 난산(難産) ·
지혈(止血) · 해열(解熱) · 지사(止瀉) · 요혈(尿血) · 익정(益精) 등의
약으로 쓴다.

민간 요법

천식(喘息)에는 질경이 전체와 쑥을 2대 1의 비율로 배합하고
여기에 감초를 약간 추가하여 달인 후 차(茶) 대용으로 마시면
효과 있으며, 이는 임질(淋疾)에도 효과가 있다. 『민간약초(民間藥草)』

상륙근(商陸根)-자리공

상륙과
Phytolacca esculenta V. HOUTTE.

68

열매

속명/상륙(商陸)·
상륙초(商陸草)·
도수연(倒水蓮)·
자리공상륙
분포지/전국의 집 부근
빈터나 길가 뚝
높이/100cm 안팎
생육상/여러해살이풀
개화기/5~7월
꽃색/흰색
결실기/8~9월
특징/꽃차례(花序)가
위를 향해 곧게 서며,
땅속 뿌리(地下莖)가
비대(肥大)해진다.
유독성 식물
용도/관상용·약용

효능

뿌리를 수종(水腫) · 이뇨(利尿) · 하리(下痢) · 신장염(腎臟炎) 등의
약으로 쓴다.

민간 요법

신장병(腎臟病)에 자리공의 뿌리 1돈을 1.5홉의 물로 달여서
약 1홉 정도가 되면 1일 3회에 나누어 복용한다. 그러나 임산부가
복용하면 유산할 우려가 있으므로 주의해야 한다. 『본초비요(本草備要)』

미국자리공 *Phytolacca americana* LINNE.

북아메리카 원산의 유독성 식물로 한해살이풀이다.
높이 100~150cm이고 줄기도 붉은빛 도는
자주색이며 6~9월에 흰 꽃이 핀다
꽃차례가 밑으로 처지는 것이 자리공과 다르다.

촉규근(蜀葵根)-접시꽃

무궁화과
Althaea rosea CAV.

70

속명/촉규화(蜀葵花) · 덕두화(德頭花) · 촉규(蜀葵) · 일장홍(一丈紅) ·
촉계화(蜀季花) · 접중화
분포지/흔히 관상용으로 심는다. 중국 원산
높이/250㎝ 안팎
생육상/두해살이풀
개화기/6~9월
꽃색/흰색, 붉은색, 연한 붉은색
결실기/9~10월
특징/원줄기는 둥글며 녹색으로 털이 있다.
용도/관상용 · 약용

열매

효능

꽃, 잎, 줄기, 뿌리를 완하(緩下) 등의 약으로 쓴다.

민간 요법

뿌리와 줄기는 객열(客熱)을 주치한다. 특히 뿌리는 대하증(帶下症)과
농혈(膿血)을 다스리며, 잎은 절상(折傷)·화상(火傷)·열독(熱毒)·
이질(痢疾) 등을 다스린다. 붉은 꽃은 적대하(赤帶下)를, 흰 꽃은
백대하(白帶下)를 다스린다. 씨는 임질(淋疾)을 다스리며 소장(小腸)을
통하게 하고 모든 창(瘡)을 다스린다. 『본초강목(本草綱目)』

적백대하(赤白帶下)에는 접시꽃을 말려서 가루로 만들어 공복에
2돈씩 술에 타서 마신다. 『부인양방(婦人良方)』

곪았을 때는 접시꽃의 뿌리를 진하게 닦여 마시면 배농(排膿)이 빠르고
환부(患部)가 빨리 아문다. 『경험방(經驗方)』

자초근(紫草根)-지치

지치과
Lithospermum erythrorhizon S. et Z.

속명/자초(紫草) · 자경(紫梗) · 자초자(紫草子) · 자근(紫根) ·
홍석근(紅石根) · 자단(紫丹) · 주치
분포지/전국의 산과 들 초원
높이/30~70cm
생육상/여러해살이풀
개화기/5~6월
꽃색/흰색
결실기/7~8월
특징/자주색의 굵은 뿌리가 땅속 깊이 들어간다. 뿌리에서
자주색의 염료재(染料材)가 나오는 데서 자초근이라 한다.
용도/식용 · 공업용 · 약용

효능

풀 전체 및 뿌리를 건위(健胃)·강장(强壯)·황달(黃疸)·임질(淋疾)·
개선(疥癬)·해독(解毒)·습진(濕疹)·피부병(皮膚病)·화상(火傷)·
동상(凍傷)·익기(益氣)·창종(瘡腫)·충독(蟲毒)·이뇨(利尿)·
양모(養毛)·해열(解熱)·피임(避姙) 등의 약으로 쓴다.

민간 요법

지치의 신선한 뿌리를 소주 등의 술에 담가 약 1개월 후에 약주(藥酒)로
조금씩 복용하면 건위(健胃)·강장(强壯)에 도움이 된다.『집간방(集簡方)』

호마인(胡麻仁)-참깨

참깨과
Sesamum indicum LINNE.

74

속명/호마(胡麻)·
지마(芝麻)·유마(油麻)·
진임(眞荏)·백마(白麻)·
흑지마(黑芝麻)·참깨씨
분포지/흔히 밭에서
재배한다.
인도 및 이집트 원산
높이/100㎝ 안팎
생육상/한해살이풀
개화기/7~9월
꽃색/흰색 바탕에 연한
자주빛이 돈다.
결실기/10월
특징/원줄기는 네모지고
연한 털이 많이 나 있다.
씨의 색깔은 흰색,
노란색, 검은색이 있다.
용도/식용·밀원용·
공업용·약용

효능

씨를 자양강장(滋養强壯) · 창종(瘡腫) · 양모(養毛) · 당뇨병(糖尿病) ·
해독(解毒) · 진통(鎭痛) · 화상(火傷) · 치통(齒痛) · 고혈압(高血壓) ·
동맥경화(動脈硬化) · 신경쇠약(神經衰弱) 등의 약으로 쓴다.

민간 요법

참깨 6, 소금 4의 비율로 깨소금을 만들어 현미로 지은 밥이나
생 야채에 뿌려서 먹으면 몸이 건강해지고 위장이 좋아진다.
또한 노쇠(老衰)한 사람에게 더 없는 건강식이다. 『민간험방(民間驗方)』
깨소금 밥을 매일 먹는 사람은 백발(白髮)이 느리게 되고 머리카락이
윤기가 나며 더욱 젊어지게 된다. 또한 젖이 부족한 산모(産母)의
젖이 잘 나오게 된다. 다만 깨소금 밥을 먹은 후 30~40분쯤은
차(茶)나 더운 물을 마시지 않도록 해야 한다. 『성제총록(聖濟總錄)』

야근채(野芹菜)-참나물

미나리과
Pimpinella brachycarpa (KOM.) NAKAI.

76

속명/자근(紫芹) · 단과회근(短果茴芹) · 산미나리
분포지/전국의 깊은 산 높은 지대의 숲속
높이/50~80cm
생육상/여러해살이풀
개화기/6~8월
꽃색/흰색
결실기/10월
특징/털이 없고 잎자루가 자주빛이 나며 전체에 향기(香氣)가 있다.
용도/식용 · 약용

효능

풀 전체를 지혈(止血) · 양정(養精) · 대하(帶下) · 해열(解熱) ·
경풍(驚風) · 고혈압(高血壓) · 중풍(中風) · 폐염(肺炎) ·
정혈(淨血) · 윤폐(潤肺) · 신경통(神經痛) 등의 약으로 쓴다.

민간 요법

간염(肝炎) · 고혈압(高血壓) · 해열(解熱)에는 5월에 새로 나온
연한 참나물의 잎과 잎자루를 채취하여 즙(汁)을 내어 식사 전에
한 그릇씩 복용하거나 콩나물과 같이 즙(汁)을 내어 복용하면
효과가 있다. 『약초지식(藥草知識)』

천궁(川芎)-천궁

미나리과
Cnidium officinale MAKINO.

속명/양천궁(洋川芎)·궁궁자(芎窮子)·산궁궁(山芎窮)·궁궁이
분포지/농가에서 흔히 재배한다. 중국 원산
높이/30~60cm
생육상/여러해살이풀
개화기/8월
꽃색/흰색
결실기/10월
특징/곧게 자라고 가지가 갈라지며 풀 전체에 특이한 향(香)이 있다.
용도/약용

효능

뿌리를 음위(陰萎) · 보익(補益) · 간질(癎疾) · 치통(齒痛) ·
강장(强壯) · 진정(鎭靜) · 부인병(婦人病) · 치풍(治風) 등의
약으로 쓴다.

민간 요법

구취(口臭 : 입에서 냄새가 나는 것)가 심한 사람은
대개 위장병(胃腸病)이 원인이므로 먼저 근본적인 원인을 알아서
이를 치료해야 하며, 천궁(川芎)을 잘게 썰어서 항상 입에 넣고
있으면 입에서 냄새 나는 것이 일시적으로 없어진다.
『경험방(經驗方)』

택사(澤瀉)-택사

택사과
Alisma canaliculatum ALL. BR. et BOUCHE.

80

약재

속명/수사(水瀉) ·
망우(芒芋) · 쇠택나물 ·
소택나물
분포지/전국의 들녘
연못이나 도랑가
높이/40~130cm
생육상/여러해살이풀
개화기/7월
꽃색/흰색
결실기/10월
특징/뿌리 줄기(根莖)는
짧고 수염뿌리가 많으며,
잎에 그물 같은 맥(脈)이
뚜렷하게 나타난다.
유독성 식물
용도/관상용 · 약용

효능

덩이 줄기(塊莖)를 강장(强壯)·보로(保老)·이뇨(利尿)·
부종(浮腫)·창종(瘡腫)·통유(通乳)·최유(催乳)·지갈(止渴)·
수종(水腫)·임질(淋疾) 등의 약으로 쓴다.

민간 요법

꽃이 필 무렵 택사를 채취하여 잎의 넓은 부분을 제거하고 깨끗이
씻은 후 말려서 보관한다. 이것을 잘게 썰어서 1일 5~15g 정도를
적당한 물에 달여서 차(茶) 대용으로 마시면 이뇨제(利尿劑)가 되며
각기(脚氣)·더위 먹은 데·당뇨병(糖尿病)·현기증(眩氣症)·
부종(浮腫) 등에 효과가 뛰어나다. 『본초비요(本草備要)』
젊은 사람이 성욕이 항진(亢進)해서 괴로움을 받을 때는 이 풀의
덩이 줄기를 먹으면 억제된다. 『외태비요(外台妙要)』

신초(神草)-톱풀

국화과
Achillea sibirica LEDEB.

속명/시초(蓍草) · 거치초(鋸齒草) · 일지호(一枝蒿) · 시(蓍) ·
우의초(羽衣草) · 가새풀 · 배암새
분포지/전국의 산과 들 대개는 산기슭 양지 바른 초원
높이/50~100㎝
생육상/여러해살이풀
개화기/7~10월
꽃색/흰색
결실기/9~11월
특징/뿌리 줄기(根莖)가 옆으로 길게 뻗으면서 자라고,
풀잎의 톱니가 톱날 같다 하여 톱풀이라 한다.
용도/식용 · 관상용 · 약용

효능

풀 전체를 진경(鎭痙)·월경통(月經痛)·진통(鎭痛)·건위(健胃)·
강장(强壯) 등의 약으로 쓴다.

민간 요법

출혈(出血)이 심한 치질(痔疾)에는 톱풀 말린 것을 진하게 달여
한 그릇을 마신다. 또 수시로 차(茶) 대용으로 마시면 출혈이 멎고
치질의 환부(患部)도 아물게 된다. 『위생총록(衛生總錄)』

소호로(小葫蘆)-표주박

외과
Lagenaria leucantha var. *gourda* MAKINO.

속명/고포(苦匏) · 표과(瓢瓜) · 조롱박
분포지/각지에서 흔히 심는다. 아프리카 또는 열대 아시아 원산
높이/길이 5m 안팎
생육상/한해살이풀
개화기/7~9월
꽃색/흰색
결실기/10월
특징/전체에 짧은 털이 나 있고 열매는 작고 길며
중앙부가 잘록한 술병 모양이다. 덩굴성 식물
용도/식용 · 관상용 · 공업용 · 약용

꽃

효능
열매를 민간에서 약으로 쓴다.

민간 요법
번열(煩熱)이 심할 때에는 어린 표주박을 삶아서 먹으면 효과가 있고,
이뇨(利尿)·부종(浮腫)에도 효과가 있다.『식이백과(食餌百科)』
단맛이 있는 박은 이뇨(利尿) 작용을 하고 번갈(煩渴)을 없애며
심열(心熱)을 다스리는 것은 물론 소장(小腸)과 심장(心臟), 폐장(肺臟)을
도와 담석(膽石)을 다스린다. 쓴맛이 나는 박은 사지의 부종(浮腫)을
다스린다.『본초강목(本草綱目)』

포공영(蒲公英)-흰민들레

국화과
Taraxacum coreanum NAKAI.

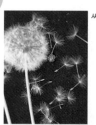

씨

속명/포공정(蒲公丁)·
백화포공영(白花蒲公英)·
조선포공영(朝鮮蒲公英)·
앉은뱅이
분포지/남부·중부·
북부 지방의 산과 들
양지 바른 초원
높이/30cm 안팎
생육상/여러해살이풀
개화기/4~6월
꽃색/흰색
결실기/5~7월
특징/원줄기는 없고
모든 잎은 뿌리에서
나와 비스듬히 자란다.
용도/식용·밀원용·약용

효능

풀 전체를 강장(强壯) · 건위(健胃) · 창종(瘡腫) · 정종(丁腫) ·
자상(刺傷) · 부종(浮腫) · 완하(緩下) 등의 약으로 쓴다.

민간 요법

손등의 사마귀 및 얼굴의 반점(斑點)에는 민들레 잎을 자르면
나오는 흰 유액(乳液)을 바르면 효과 있다.『경험양방(經驗良方)』
창(瘡)에는 민들레 풀 전체를 짓찧어 술을 약간 섞어서 달여
마시면 효과가 있다.『민간험방(民間驗方)』

괄루근(栝蔞根)-하늘타리

외과
Trichosanthes kirilowii MAXIM.

속명/과루인(瓜蔞仁) · 천과(天瓜) · 천화분(天花粉) · 과루(瓜蔞) ·
괄루(栝蔞) · 고과(苦瓜) · 하늘수박 · 쥐참외
분포지/전국의 산과 들 대개 낮은 곳의 집 근처나 숲 가장자리
높이/길이 5m 안팎
생육상/여러해살이풀
개화기/7~8월
꽃색/흰색
결실기/10월
특징/땅속에 고구마 같은 큰 덩이 뿌리(塊根)가 있고
여기에서 전분을 채취한다. 덩굴 식물
용도/식용 · 공업용 · 약용

씨

효능

뿌리, 열매, 씨를 어혈(瘀血)·타박상(打撲傷)·창종(瘡腫)·이뇨(利尿)·
당뇨병(糖尿病)·해열(解熱)·해수(咳嗽)·최유(催乳)·중풍(中風)·
유두염(乳頭炎)·적백리(赤白痢)·황달(黃疸)·결핵(結核)·산열(疝熱)·
해열(解熱) 등의 약으로 쓴다.

민간 요법

하늘타리의 뿌리를 가을에 캐어 말려 1일 5~15g 정도씩 달여서
적당히 마시면 황달(黃疸)·월경불순(月經不順)·당뇨병(糖尿病)·
부인병(婦人病)·자궁병(子宮病)·폐결핵(肺結核)·중풍(中風)·
기침멎이 등에 효과가 있다. 『민간험방(民間驗方)』

노랑하늘타리 *Trichosanthes Kirilowii var. Japonica* KITAMURA.

남부 및 다도해 섬 지방의 산과 들에 자라는
여러해살이 덩굴 식물이다. 길이 5m 안팎까지
뻗어 나가고 땅속에 큰 덩이 뿌리가 있다.
7~8월에 흰 꽃이 피고 10월에 열매가 열린다.

호장근(虎杖根)-호장근

여뀌과
Reynoutria elliptica (KOIDZ.) MIGO.

새순

속명/호장(虎杖) ·
반장(斑杖) ·
반홍근(斑紅根) ·
범승아 · 큰범싱아
분포지/전국의 산과 들
대개는 산기슭 양지
바른 곳
높이/100cm 안팎
생육상/여러해살이풀
개화기/6~8월
꽃색/흰색
결실기/10월
특징/뿌리 줄기(根莖)가
목질(木質)로 길게
뻗으며, 원줄기의 속이
비어 있다.
용도/식용 · 관상용 ·
밀원용 · 약용

효능

뿌리 줄기를 이뇨(利尿) · 완하(緩下) · 통경(通經) · 보익(補益) ·
진정(鎭靜) 등의 약으로 쓴다.

민간 요법

가을에 땅속 줄기(地下莖)를 캐어 말려서 적당한 크기로 잘라
1회 4~5g 정도를 물 0.5리터에 달여 1일 3회로 나누어 복용하면
부인병(婦人病) · 월경불순(月經不順) · 오줌싸개 등에 효과 있다.
또한 건위제(健胃劑)로서 소화불량(消化不良)과 위가 약한 증상을
고치고 변비(便秘)를 통하게 하며, 임질(淋疾)의 이뇨약이 되고
감기(感氣)의 해열약이 되기도 한다. 『응중거방(應中擧方)』

산와거(山萵苣) - 왕고들빼기

국화과
Lactuca indica var. laciniata (O. KUNTZE) HARA.

속명/압자식(鴨子食) ·
산생채(山生菜) ·
고개채(苦芥菜) ·
사라구 · 수애뚱
분포지/전국의 산과 들
대개는 낮은 곳의
길가 초원
높이/150㎝ 안팎
생육상/두해살이풀
개화기/7~9월
꽃색/흰색
결실기/9~10월
특징/윗부분에서 가지가
갈라지고 잎 줄기를
자르면 흰 유액(乳液)이
나온다.
용도/식용 · 약용

효능

풀 전체를 건위(健胃) · 최면(催眠) · 진정(鎭靜) · 발한(發汗) ·
이뇨(利尿) · 창종(瘡腫) 등의 약으로 쓴다.

민간 요법

왕고들빼기의 부드러운 잎이나 새싹을 생식(生食)하거나 식사 때
채소 대용으로 많이 먹으면 건위제(建胃劑) 및 강장제(强壯劑)가 되고
위궤양(胃潰瘍) 및 만성 위병(胃病)에 효과가 있다. 그러나 너무 많이
먹으면 잠이 많이 온다. 『민간약초(民間藥草)』

명이(命利)-산마늘

백합과
Allium victorialis var. platyphyllum MAKINO.

새순

속명/각총(茖葱) ·
광엽각총(廣葉茖葱) ·
회총(灰葱) · 멩이풀 ·
명이풀
분포지/울릉도 · 중부 ·
북부 지방의 깊은 산
숲속
높이/40~70cm
생육상/여러해살이풀
개화기/5~7월
꽃색/흰색
결실기/9월
특징/마늘과 비슷한
향(香)과 맛이 있다.
땅속에 약간 굽으며
갈색이 도는 비늘
줄기(鱗莖)가 있다.
이 풀을 먹으면 목숨이
길어진다 하여
명(命)이라고 한다.
용도/식용 · 약용

효능

비늘 줄기를 강장(强壯)·이뇨(利尿)·구충(驅蟲)·최유(催乳)·
해독(解毒)·소화(消化)·건위(健胃)·풍습(風濕) 등의 약으로 쓴다.

민간 요법

산마늘의 잎과 부드러운 비늘 줄기를 상식(常食)하면 강장(强壯)·
건위제(健胃劑)가 되며, 봄에 채집하여 된장에 묻어 두고 동절기에
먹으면 장수(長壽)의 비결이라고 한다. 『식이요법(食餌療法)』

규(葵)-아욱

무궁화과
Malva verticillata LINNE.

96

속명/로규(露葵)·
규채(葵菜)·아욱·
아욱나물
분포지/농가에서 밭에
재배한다. 북부 온대
및 아열대 원산
높이/60~90cm
생육상/한해살이풀
개화기/5~9월
꽃색/연한 붉은색
결실기/8~10월
특징/원줄기는 둥글고
가지가 약간 갈라진다.
용도/식용·약용

효능

풀 전체 및 씨를 오림(五淋)·최유(催乳)·적체(積滯)·이뇨(利尿)·
완하(緩下) 등의 약으로 쓴다.

민간 요법

급체(急滯)에는 아욱의 씨를 가루로 만들어 돼지기름에 개어 환(丸)을
지어 1회에 2돈씩 물과 먹으면 효과가 있다. 『백통비방(百痛秘方)』
대소변(大小便) 불통(不通)에는 아욱의 뿌리 2근과 생강 4냥을 함께 짓찧어
즙(汁)을 내서 두 번에 나누어 마시면 효과가 있다. 『경험방(經驗方)』
어린아이의 입술이 터진 데는 아욱의 뿌리를 태워 재를 만들어
젖에 개어 바르면 효과가 있다. 『성혜방(聖惠方)』
타박상(打撲傷)으로 허혈(虛血)이 생긴 데는 아욱 씨를 가루로 만들어
2돈씩 술에 타서 복용하면 풀린다. 『침선(針線)』
적리(赤痢)에는 아욱 씨를 가루로 만들어 2돈씩 1일 3회 복용하면
효과가 있다. 『경험방(經驗方)』

대총(大蔥)-파

백합과
Allium fistulosum LINNE.

속명/총(蔥) · 동총(凍蔥) ·
청총(靑蔥) · 양각(羊角) ·
대총자(大蔥子) · 동파
분포지/중요한 식물로
널리 재배한다.
시베리아 원산
높이/60cm 안팎
생육상/여러해살이풀
개화기/6~7월
꽃색/흰빛이 도는 녹색
결실기/9월
특징/땅속의 비늘 줄기
(鱗莖)는 그다지 굵지
않고 수염뿌리가 있으며,
전체에서 특이한
향(香)이 난다.
용도/식용 · 약용

효능

비늘 줄기와 줄기, 잎을 보익(補益) · 청혈(淸血) · 지한(止汗) ·
중풍(中風) · 적백리(赤白痢) · 안태(安胎) · 이뇨(利尿) · 부종(浮腫) ·
양혈(養血) · 건뇌(健腦) · 곽란(藿亂) · 골절통(骨節痛) · 거담(祛痰) ·
면목부종(面目浮腫) · 명안(明眼) · 흥분(興奮) · 발한(發汗) ·
구충(驅蟲) 등의 약으로 쓴다.

민간 요법

기침이 날 때 흰파 줄기를 길이 5~10㎝ 안팎으로 잘라 헝겊으로
싼 다음 콧구멍 근처에 갖다 대고 호흡하면 신통하게도 기침이 멎는다.
『외태비요(外台秘要)』

불면증(不眠症)이 있는 사람은 생파에 된장을 묻혀 식사 때 먹으면
효과가 있는데 이는 기생충(寄生蟲) · 위궤양(胃潰瘍) · 건위(健胃)
등에도 효과가 있다. 『경험양방(經驗良方)』

파의 흰 줄기와 인삼, 감자 등을 잘 다져 물을 적당히 넣고 만든 술은
병후의 쇠약자(衰弱者) · 폐병 환자 · 허약자(虛弱者) 등의 영양에
효과가 매우 크다. 『향토의학(鄕土醫學)』

대산(大蒜)-마늘

백합과
Allium sativum for. pekinense MAKINO.

속명/호(葫) · 호산(葫蒜) · 산(蒜) · 산두(蒜頭) · 대훈채(大葷菜) ·
백피산(白皮蒜)

분포지/농가에서 흔히 재배한다. 아시아 서부 원산

높이/60cm 안팎

생육상/여러해살이풀

개화기/7월

꽃색/노란빛 도는 흰색

결실기/9월

특징/땅속의 비늘 줄기(鱗莖)는 연한 갈색의 껍질 같은 잎으로
싸여 있고, 안쪽에 5~6개의 작은 비늘 줄기(小鱗莖)가 있다.
전체에서 강한 냄새가 많이 난다.

용도/식용 · 공업용 · 약용

효능

비늘 줄기를 구충(驅蟲)·이뇨(利尿)·강장(强壯)·해독(解毒)·
소화(消化)·건위(健胃)·풍습(風濕)·충독(蟲毒)·진통(鎭痛)·
강심(强心)·진정(鎭靜)·건뇌(健腦)·해독(解毒) 등의 약으로 쓴다.

민간 요법

마늘은 혈액 중의 콜레스테롤의 일종인 혈중 지질(脂質)을 감소시키는
작용을 한다. 이 때문에 마늘은 동맥경화(動脈硬化)·고혈압(高血壓)의
예방, 치료제로서 각광을 받는다. 또한 피부의 말초 혈관을 확장시켜
피의 순환을 원활하게 하는 작용을 한다. 어른의 1일량은 껍질을 벗긴
마늘 두 쪽이며 어린이는 한 조각 또는 반 쪽이 좋다. 유효 성분을
파괴시키지 않고도 먹기 좋은 방법은 껍질 채 뜨거운 물에 넣어
약 15분쯤 삶은 후 꺼내서 껍질을 벗기고 먹는 것이다.
『약초의 지식(藥草의 知識)』

큰원추리

노란색

고의(苦薏)-감국

국화과
Chrysanthemum indicum LINNE.

104

새싹

속명/산황국(山黃菊) ·
황국(黃菊) · 야국(野菊) ·
정국화(正菊花) ·
야황국(野黃菊) ·
구월국(九月菊) ·
산국화(山菊花) ·
들국화 · 가을국화
분포지/전국의 산과 들
양지 바른 초원
높이/100~150㎝
생육상/여러해살이풀
개화기/9~10월
꽃색/노란색
결실기/11월
특징/가지가 많이
갈라지고 꽃이 필 때는
옆으로 쓰러지며 작은
꽃이 여러 개씩 모여
달린다.
용도/관상용 · 공업용 ·
약용

효능

풀 전체를 강심(强心) · 명안(明眼) · 거담(祛痰) · 빈혈(貧血) ·
현기증(眩氣症) · 습비(濕痺) 등의 약으로 쓴다.

민간 요법

두통(頭痛) 및 목통(目痛)에는 꽃을 말려서 1일 5g 정도씩 달여
차(茶) 대용으로 마시면 효과가 있다.『약용식물사전(藥用植物事典)』
감국 꽃 약간을 말려서 소주로 적당히 술을 담근 것이 국화주(菊花酒)로
이 국화주는 눈을 밝게 하고 귀가 잘 들리게 한다. 가능하면 국화주는
좋은 술에 담가야 그 효과가 더 크다.『약용식물사전(藥用植物事典)』
부인(婦人) 음종(陰腫)에는 감국을 삶아서 뜨거운 탕의 김을 환부(患部)에
쐬고 나서 그 탕물로 환부를 씻으면 효과가 있다.『응험방(應驗方)』

산국 *Chrysanthemum bireale* (MAKINO) MAKINO.

각지의 산에 자라는 여러해살이풀이다.
원줄기에 흰털이 있고 가지가 많이 갈라지며
감국보다 꽃이 작다. 9~11월에 노란색 꽃이 피고
11월에 열매가 익는다.

결명자(決明子)-결명자

콩과
Cassia tora LINNE.

속명/초결명(草決明) · 산편두(山扁豆) · 결명(決明) · 지괴근(地塊根) ·
마제결명(馬蹄決明) · 괴두(槐豆) · 강남두(江南豆) · 가녹두(假綠豆) ·
긴강남차 · 결명초 · 결명차
분포지/밭에서 재배한다. 북아메리카 원산
높이/100cm 안팎
생육상/한해살이풀
개화기/6~8월
꽃색/노란색
결실기/10월
특징/풀잎은 아카시아 나무 잎을 닮았으며, 씨를 볶아서
차(茶) 대용으로 먹는다.
용도/약용

효능

씨를 건위(健胃)·강장(强壯)·시력강화(視力强化)·통경(通經)·
야맹증(夜盲症)·충독(蟲毒)·사독(蛇毒) 등의 약으로 쓴다.

민간 요법

결명자(決明子)는 청맹(靑盲)과 적안(赤眼)의 동통과 적백막(赤白膜)을
다스리며 간기(肝氣)를 돕는다. 또한 정수(精水 : 정액)를 늘려 주고
두통(頭痛)과 비혈(鼻血)을 다스린다. 『본초비요(本草備要)』
결명자의 잎과 줄기 전체를 목욕탕에 넣고 목욕하면 혈액 순환이
잘되고 정신(精神)이 맑아진다. 또한 씨는 달여서 차(茶) 대용으로 마시면
완화(緩和)·강장제(强壯劑)로 효과가 있다. 『본초비요(本草備要)』
결명자는 풍열(風熱)을 없애고 모든 눈병을 다스리며, 눈을 밝게 하고
신정(腎精:정력)을 늘리기 때문에 결명(決明)이라 한다. 『본초비요(本草備要)』

웅소(熊蔬)-곰취

국화과
Ligularia fischeri (LEDEB.) TURCZ.

속명/마제엽(馬蹄葉)·
신엽탁오(腎葉槖吾)·
북탁오(北槖吾)·
마제자원(馬蹄紫菀)·
곰달래·말곰취
분포지/전국의 깊은 산
골짜기 습기 있는 곳
높이/100~200cm
생육상/여러해살이풀
개화기/7~9월
꽃색/노란색
결실기/9~10월
특징/땅속의 뿌리 줄기
(根莖)가 굵고 뿌리에서
나온 잎이 큰 것은
길이가 9cm에 달한다.
용도/식용·약용

효능

풀 전체 또는 뿌리를 진정(鎭靜)·진통(鎭痛)·보익(補益) 등의
약으로 쓴다.

민간 요법

민간에서는 종기(腫氣)의 고름을 빨아 내는 특효약으로 쓰인다.
어깨 결리는 데도 곰취의 잎을 불에 약간 그을려서 부드럽게 되면
환부(患部)에 붙여 주고, 잎이 마르면 다시 새것으로 바꾸어 붙이면
효과가 있다. 이 밖에도 부스럼·신경통(神經痛)·생손앓이·
유종(乳腫) 등에도 같은 방법으로 하면 효과가 있다. 『정요신방(丁堯臣方)』
예로부터 봄에 돋아나는 곰취의 연한 새잎은 산나물 중의 으뜸으로
치며 그윽한 향내와 더불어 입맛을 돋워 주고 힘을 길러 준다 하여
많이 먹는다.

선복화(旋覆花) - 금불초

국화과
Inula britannica var. chinensis REGEL.

110

속명/하국화(夏菊花) · 오월국(五月菊) · 금전화(金錢花) · 금잔초(金盞草) ·
육월국(六月菊) · 하국(夏菊) · 대화선복화(大花旋覆花) · 옷풀 · 들국화
분포지/전국의 산과 들 대개는 낮은 지대 습기 있는 곳
높이/20~60㎝
생육상/여러해살이풀
개화기/6~9월
꽃색/노란색
결실기/8~10월
특징/뿌리 줄기(根莖)가 뻗으면서 번식하고, 여름에 피는 국화라 하여
하국 또는 육월국이라 한다.
용도/식용 · 관상용 · 약용

효능

풀 전체를 이뇨(利尿) · 건위(健胃) · 구토(嘔吐) · 진정(鎭靜) 등의
약으로 쓴다.

민간 요법

거담(祛痰) · 상한(傷汗) · 절상(切傷) · 설사(泄瀉)에 금불초의 꽃을
말려서 달여 마시면 효과가 있다. 『약용식물사전(藥用植物事典)』

금불초의 꽃은 담(痰)이 많은 것을 없애 주고 복수(腹水)를 내리게 하여
위(胃)를 열어 준다. 또한 구역(嘔逆)을 멎게 하며 소변(小便)을
고르게 하고 눈을 밝게 한다. 『본초강목(本草綱目)』

금불초의 꽃은 혈맥(血脈)을 잘 통하게 하고 담결(痰結) · 대장(大腸)의
수종(水腫)과 두목풍(頭目風)을 없애 준다. 그러나 대장이 냉(冷)하고
허(虛)한 사람은 쓰는 것을 삼가하라고 하였다. 『본초비요(本草備要)』

소연교(小連翹)-고추나물

물레나물과
Hypericum erectum THUNB.

112

속명/배향초(排香草) ·
연교(連翹) · 배초(排草) ·
교초채(翹草茱) · 어아리 ·
어아리나물 · 교초나물 ·
연교초(連翹草)
분포지/전국의 산과 들
대개는 산기슭의 약간
습기 있는 곳
높이/20~60cm
생육상/여러해살이풀
개화기/7~8월
꽃색/노란색
결실기/9월
특징/원줄기는 둥글며
곧게 자라고 가지가
갈라진다. 열매가
고추를 닮은 데서
고추나물이라 한다.
용도/식용 · 관상용 · 약용

효능
성숙한 풀 전체를 지혈(止血)·외상(外傷)·연주창(連珠瘡)·
구충(驅蟲) 등의 약으로 쓴다.

민간 요법
여름 고추나물의 꽃이 필 무렵 줄기와 잎을 찧어서 그 즙(汁)을
타박상(打撲傷)이나 상처에 바르면 특효가 있다. 그러나
너무 지나치게 하면 피부염(皮膚炎)을 일으키는 경우도 있다.
이 밖에 신경통(神經痛)·지혈(止血)·류머티즘 등에 효과가 있다고
하였고, 줄기와 잎을 달인 즙(汁)으로 습포(濕布)를 하면 절창(切瘡)·
류머티즘·타신(打身)·근골통(筋骨痛)·종기(腫氣)·인후(咽喉)
등에도 효과가 있다. 『민간요법(民間療法)』

천골(川骨)-개연꽃

수련과
Nuphar japonicum DC.

114

속명/평련(萍蓮) · 건련(建蓮) · 일본평련초(日本萍蓮草) ·
평련초(萍蓮草) · 긴잎연꽃 · 개연
분포지/중부 이남 지방의 들녘 얕은 물속
높이/30㎝ 안팎
생육상/여러해살이풀
개화기/8~9월
꽃색/노란색
결실기/10월
특징/물속의 뿌리 줄기(根莖)는 굵으며 옆으로 뻗는데
굳은 해면(海綿) 같다.
용도/관상용 · 약용

효능

뿌리 줄기와 잎을 강장(强壯) · 지혈(止血) · 산전산후상(産前産後傷) · 정혈(淨血) · 부인병(婦人病) 등의 약으로 쓴다.

민간 요법

가을부터 이듬해 봄 사이에 물속에 있는 뿌리 줄기를 캐어 두 조각으로 쪼개서 건조시킨다. 이것을 1회에 2~5g 정도씩 달여서 차(茶) 대용으로 복용하면 보혈제(補血劑)와 산전산후(産前産後)의 보양제(補陽劑)가 된다. 『식이요법(食餌療法)』

유선염(乳腺炎)에는 뿌리 줄기를 으깨어 밀가루를 섞어서 반죽하여 질긴 종이나 거즈 등에 펼쳐서 환부(患部)에 붙이면 통증(痛症)을 멎게 하는 효과가 있다. 『보제방(普濟方)』

와경천(臥景天) - 돌나물

돌나물과
Sedum sarmentosum BUNGE.

속명/야마치현(野馬齒莧) · 수분초(水盆草) · 석련화(石蓮花) ·
구아치(狗牙齒) · 석상채(石上菜) · 화건초 · 돈나물
분포지/전국의 산과 들 약간 습기 있는 바위틈이나 언덕
높이/15㎝ 안팎
생육상/여러해살이풀
개화기/5~6월
꽃색/노란색
결실기/7~8월
특징/밑에서 가지가 갈라져서 땅위로 뻗고, 마디에서 잎이
세 개씩 돌려나며 뿌리가 내린다.
용도/식용 · 관상용 · 약용

효능
풀 전체를 대하증(帶下症)·선혈(鮮血) 등의 약으로 쓴다.

민간 요법
간염(肝炎)·대하증(帶下症)에 돌나물의 줄기와 잎을 짓찧어서
즙(汁)을 낸 후 적당량을 계속 복용하면 좋아진다. 『약초지식(藥草知識)』
예로부터 봄이면 비타민 C가 가장 풍부한 나물 중의 하나로 돌나물을
많이 먹었다. 지금도 봄이면 돌나물을 애용하는 가정이 많으며
다른 어느 나물에 뒤지지 않는 좋은 영양소를 지닌 풀이다.

낙화생(落花生)-땅콩

콩과
Arachis hypogaea LINNE.

118

속명/화생(花生) · 남경두(南京豆) · 지과(地果) · 장생과(長生果) · 호콩
분포지/농가에서 재배한다. 남아메리카 원산
높이/60㎝ 안팎
생육상/한해살이풀
개화기/7~9월
꽃색/노란색
결실기/10월
특징/원줄기가 밑에서 갈라져 옆으로 비스듬히 자란다.
꽃의 씨방이 길게 자라 땅속으로 들어가서
열매가 땅속에서 열린다.
용도/식용 · 공업용 · 약용

꽃

효능

씨를 강장(强壯) 등의 약으로 쓴다.

민간 요법

땅콩은 특히 당뇨병(糖尿病) 환자에게 좋은 식물로 한번에
많이 먹는 것은 오히려 좋지 않다. 『식이요법(食餌療法)』

땅콩은 특히 비(脾)를 보호하고 폐(肺)를 윤활하게 한다.
『본초비요(本草備要)』

풍습(風濕)·각기병(脚氣病)에는 땅콩을 껍질 채 달여서 그 즙(汁)을
마신다. 1회에 4냥, 하루 네 번씩 3일 간 계속 복용하면 가벼운 각기병은
즉시 낫고, 만성 각기병은 매일 반 근씩 달여서 계속 마시면 반드시
효과가 있다. 『식물요방(食物療方)』

패장(敗醬)-마타리

마타리과
Patrinia scabiosaefolia FISCH.

120

속명/황화용아(黃花龍牙)·패장초(敗醬草)·여랑화(女郎花)·
야황화(野黃花)·가얌취
분포지/전국의 산과 들 양지 바른 초원
높이/60~150㎝
생육상/여러해살이풀
개화기/7~8월
꽃색/노란색
결실기/10월
특징/뿌리 줄기(根莖)가 굵으며 옆으로 뻗는다. 땅속의 굵은 뿌리에서
된장 썩은 냄새가 나기 때문에 패장이라 한다.
용도/식용·관상용·약용

효능

뿌리를 안질(眼疾) · 화상(火傷) · 단독(丹毒) · 정혈(淨血) · 부종(浮腫) ·
대하증(帶下症) · 개선(疥癬) · 소염(消炎) · 어혈(瘀血) 등의 약으로 쓴다.

민간 요법

유행성 눈병에는 마타리의 뿌리를 달인 즙(汁)으로 씻으면 가라앉는다.
또한 즙을 1일 8g 정도씩 3회 복용하면 옹종 · 부종(浮腫) · 토혈(吐血) ·
비혈(鼻血) · 대하증(帶下症) · 산후혈행(産後血行) · 복통(腹痛) 등에
특효가 있다. 『약용식물사전(藥用植物事典)』
여성의 대하증(帶下症)에는 마타리의 뿌리를 1일 8g씩 달여서 마시며,
산후를 깨끗이 하는 데는 1일 10g을 달여 마신다. 『본초강목(本草綱目)』

금마타리 *Patrinia saniculaefolia* HEMSL.

깊은 산 능선 부근에 자라는 여러해살이풀이다.
높이는 30cm 안팎이며 땅속의 뿌리가 굵고
5~6월에 노란색 꽃이 핀다.

뚝갈 *patrinia villosa* (THUNB.) Juss.

산과 들 양지 초원에서 자라는 여러해살이풀이다.
높이 60~150cm이고 땅속의 뿌리 줄기(根莖)가
굵으며 전체에 흰털이 많이 나고 7~8월에
흰색 꽃이 핀다.

포공영(蒲公英)-민들레

국화과
Taraxacum mongolicum H. MAZZ.

122

속명/지정(地丁)·포공초(蒲公草)·금잠초(金簪草)·포공정(蒲公丁)·
안질방이·무슨둘레
분포지/전국의 산과 들 길가의 양지 바른 곳
높이/30㎝ 안팎
생육상/여러해살이풀
개화기/4~5월
꽃색/노란색
결실기/5~6월
특징/원줄기가 없고, 잎은 뿌리에서 모여 나와
옆으로 퍼진다.
용도/식용·관상용·밀원용·약용

씨

123

효능

풀 전체를 뿌리와 같이 완하(緩下)·창종(瘡腫)·정종(丁腫)·
자상(刺傷)·진정(鎭靜)·유방염(乳房炎)·강장(强壯)·건위(健胃)·
대하증(帶下症) 등의 약으로 쓴다.

민간 요법

건위(健胃)·강장(强壯)·해열(解熱)·침한(寢汗)·소화불량(消化不良)·
담즙 과다의 장(腸) 카타르·간장병(肝臟病)·치질(痔疾)·자궁병(子宮病)
등에 1회 민들레 뿌리 4~8g과 민들레 잎 7~10g을 적당히 달여
매일 식사 전에 한 잔씩 마시면 효과가 있다. 『약초지식(藥草知識)』

서양민들레 *Taraxacum officinale* WEBER.

유럽 원산으로 전국에 퍼져 자라는
여러해살이풀이다. 높이 30cm 안팎이며
3~9월에 노란색 꽃이 핀다.

포황(蒲黃)-부들

부들과
Typha orientalis PRESL.

속명/향포(香蒲) ·
약(蒻) · 포초(蒲草) ·
포봉(蒲棒) · 포채(蒲菜) ·
약초(蒻草) · 갈포
분포지/전국의 들녘
연못가 등지
높이/100~150cm
생육상/여러해살이풀
개화기/7월
꽃색/노란색
결실기/10월
특징/땅속의 뿌리 줄기
(根莖)가 옆으로 뻗고
흰색의 수염뿌리가 있다.
원줄기는 털이 없고
밋밋하다.
용도/식용 · 공업용 ·
관상용 · 약용

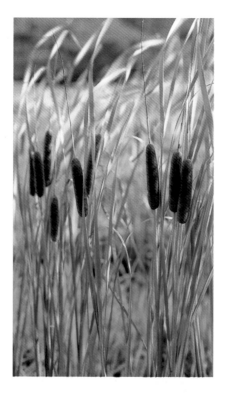

효능

꽃가루를 지혈(止血)·토혈(吐血)·탈항(脫肛)·이뇨(利尿)·배농(排膿)·
치질(痔疾)·대하증(帶下症)·월경불순(月經不順)·방광염(膀胱炎)·
한열(寒熱)·통경(通經) 등의 약으로 쓴다.

민간 요법

화상(火傷)에는 부들의 새싹에 붙은 솜 같은 섬유질을 따서 환부(患部)에
붙이면 통증이 없어진다. 깊은 화상이라도 흔적도 없이 낫고 화상 이외의
다른 상처에도 지혈(止血) 작용 등 치료 효과가 뛰어나다.
『본초비요(本草備要)』

탈항(脫肛)·치질(痔疾)에는 부들의 꽃가루를 돼지기름으로 반죽하여
2~3회 정도 항문에 넣는 것을 계속하면 치유된다. 화상(火傷)·절창(切瘡)·
잇몸 출혈 등에 꽃가루를 환부(患部)에 뿌리거나 바르면 지혈제(止血劑)로서
효과가 있다.『경험방(經驗方)』

수양매(水楊梅)-뱀무

장미과
Geum japonicum THUNB.

속명/일본수양매(日本水楊梅)
분포지/남부 · 중부 · 울릉도 등지의 산과 들
높이/25~100㎝
생육상/여러해살이풀
개화기/6~7월
꽃색/노란색
결실기/8월
특징/전체에 털이 있으며 풀잎이 무잎과
비슷하고 큰 편이다.
용도/식용 · 약용

꽃

효능

풀 전체를 위궤양(胃潰瘍) · 해수(咳嗽) · 강심(强心) · 토혈(吐血) ·
적백리(赤白痢) · 고혈압(高血壓) · 치혈(痔血) 등의 약으로 쓴다.

민간 요법

신장병(腎臟病)에는 그늘에 말린 뱀무 15g 정도를 약 4리터의
물로 달여 그 반으로 졸인 후 적당히 나누어 여러 번 복용하면
효과가 있다. 『약초지식(藥草知識)』

큰뱀무 *Geum aleppicum* JACQ.

각지의 산골짜기 냇가 근처에 흔히 자라는
여러해살이풀이다. 높이 30~100cm이고 잎은
뱀무와 비슷하며 6~8월에 노란색 꽃이 핀다.

번행(番杏)-번행초

번행과
Tetragonia tetragonoides O. KUNTZE.

속명/법국파채(法國菠菜)
분포지/제주도 및 남부 다도해 섬 지방이나 남부 해안 모래땅
높이/40~60cm
생육상/여러해살이풀
개화기/4~10월
꽃색/노란색
결실기/8~11월
특징/전체가 육질(肉質)로 사마귀 같은 돌기(突起)가 있어
거칠거칠하며 굵은 가지가 갈라진다.
용도/식용·약용

효능

풀 전체를 종기(腫氣) · 충독(蟲毒) · 위장병(胃腸病) 등의 약으로 쓴다.

민간 요법

위장병(胃腸病) 등에는 번행초의 어린순 또는 부드러운 잎을 나물로 많이
먹으면 좋은 효과가 있다. 『식이요법(食餌療法)』

번행을 먹으면 복부 및 흉부의 병을 고치고 특히 불치병인 위암(胃癌)에도
효과가 있다. 여름에 채취하여 그늘에 말려서 잘게 썬 것 20g 정도를
물 0.4리터에 넣고 그 반쯤으로 졸여지도록 달여서 이것을 1일 3회로
나누어 장복한다. 『향토의학(鄕土醫學)』

측금잔화(側金盞花) - 복수초

미나리아재비과
Adonis amurensis REGEL et RADDE.

속명/설연화(雪蓮花) · 정수화(頂水花) · 원일초(元日草) · 복풀 ·
아도니스 · 눈색이꽃
분포지/전국의 산과 들 그늘지고 습기 있는 산기슭
높이/10~30cm
생육상/여러해살이풀
개화기/2~5월
꽃색/노란색
결실기/6월
특징/뿌리 줄기(根莖)가 짧고 굵으며 흑갈색의 잔뿌리가 많다.
눈과 얼음을 뚫고 나와 꽃이 피어 눈색이꽃, 얼음새꽃이라 한다.
유독성 식물
용도/관상용 · 약용

효능

뿌리를 창종(瘡腫)·진통(鎭痛)·강심(强心)·이뇨(利尿) 등의 약으로 쓴다.

민간 요법

복수초 말린 것 0.5~1돈을 뜨거운 물에 약 5분 동안 담갔다가 즙(汁)을
우려 내어 그 물을 1일 1회 적당량 마시면 심장병(心臟病)에 효과가 있다.
또한 복수초는 강심제(强心劑)의 원료인 아도닌을 포함하고 있다.
『민간요법(民間療法)』

독(毒) 성분이 있는 식물이기 때문에 함부로 많은 양을 먹으면
오히려 해가 되므로 전문가와 상의해서 이용해야 한다.

고채(苦茱)-씀바귀

국화과
Ixeris dentata (THUNB.) NAKAI.

132

속명/황과채(黃瓜茱)·고고채(苦苦茱)·고채아(苦茱芽)·씀바구·씀배나물
분포지/전국의 산과 들 대개는 낮은 곳의 논뚝
높이/25~50cm
생육상/여러해살이풀
개화기/5~7월
꽃색/노란색
결실기/6~8월
특징/윗부분에서 가지가 갈라지며 줄기를 자르면
흰 유액(乳液)이 나온다.
용도/식용·약용

뿌리

효능

풀 전체를 창종(瘡腫) · 진정(鎭靜) · 최면(催眠) · 건위(健胃) ·
식욕촉진(食慾促進) 등의 약으로 쓴다.

민간 요법

봄철에 씀바귀 나물을 많이 먹으면 여름에 더위를 먹지 않는다.
『본초강목(本草綱目)』

씀바귀는 오장(五臟)의 사기(邪氣)와 내열(內熱)을 없애고
심신(心身)을 편하게 하며 악창(惡瘡)을 다스린다. 『본초강목(本草綱目)』

씀바귀의 줄기나 잎에서 나오는 흰 즙액(汁液)을 손등의
사마귀에 바르면 사마귀가 저절로 없어진다. 『의학입문(醫學入門)』

마치현(馬齒莧)-쇠비름

쇠비름과
Portulaca oleracea LINNE.

134

속명/오행초(五行草) ·
장명채(長命菜) ·
마치채(馬齒菜) ·
마치초(馬齒草) ·
돼지풀 · 말비름
분포지/전국의 산과 들
대개 집 근처 텃밭이나
빈터 등지
높이/30cm 안팎
생육상/한해살이풀
개화기/6~9월
꽃색/노란색
결실기/8~10월
특징/털이 없고 가지가
많이 갈라져 옆으로
비스듬히 자란다.
줄기와 잎이 육질(肉質)
이며, 잎의 모양이
말의 앞 이빨 같아
마치현이라 한다.
용도/식용 · 약용

효능

풀 전체를 충독(蟲毒) · 사독(蛇毒) · 해독(解毒) · 창종(瘡腫) ·
지갈(止渴) · 촌충(寸蟲) · 이질(痢疾) · 나력(瘰癧) · 혈리(血痢) ·
편도선염(扁桃腺炎) · 이뇨(利尿) 등의 약으로 쓴다.

민간 요법

중풍(中風)으로 반신불수가 되었을 때는 쇠비름 4~5근을 삶아서
나물과 국물을 함께 먹으면 매우 좋아진다. 『경험방(經驗方)』

회충(蛔蟲)에는 쇠비름을 진하게 달인 즙(汁) 한 공기에 소금과
식초를 넣어 공복에 마시면 충(蟲)이 나온다. 『백병비방(百病秘方)』

쇠비름은 나쁜 피를 흩어 버리고 독(毒)을 풀며 풍(風)을 없앤다.
또 기생충(寄生蟲)을 죽이고 모든 임질(淋疾)을 다스린다.
악창(惡瘡)에는 쇠비름을 태워 남은 재를 고약처럼 다려서 바른다.
『본초강목(本草綱目)』

예로부터 쇠비름 나물을 많이 먹으면 장수(長壽)한다 하여
장명채(長命菜)라는 이름이 붙여졌으며, 말려서 매달아 두고
상식하였다. 『성제총록(聖濟總錄)』

산모(酸模)-수영

여뀌과
Rumex acetosa LINNE.

속명/산장채(酸漿茱) · 산장(酸漿) · 산초(酸草) · 산모(酸母) · 산강(酸姜) · 산대황(山大黃) · 시영 · 양철엽(洋鐵葉) · 시금초 · 괴싱아

분포지/전국의 산과 들 길가의 초원이나 빈터

높이/30~80cm

생육상/여러해살이풀

개화기/5~6월

꽃색/노란색

결실기/8월

특징/원줄기는 둥글고 많은 줄이 있으며 홍자색이 돈다. 줄기를 씹으면 신맛이 나기 때문에 시금초라 한다.

용도/식용 · 관상용 · 밀원용 · 약용

효능

뿌리를 통경(通經)·피부병(皮膚病)·버즘·옴 등의 약으로 쓴다.

민간 요법

옴·개선(疥癬)에는 수영의 신선한 뿌리와 줄기를 짓찧어 즙(汁)을 내어 환부(患部)에 바르면 효과가 있다. 꽃을 따서 말린 후 달여서 마시면 건위(健胃)·해열(解熱)에 효과가 있고, 뿌리를 달인 즙(汁)은 외창(外瘡)의 지혈제(止血劑)로도 효과가 있다. 『약용식물사전(藥用植物事典)』

어린아이의 열(熱)을 다스리는데 수영의 싹을 따서 생으로 먹게 하거나 즙(汁)을 내어 먹인다. 신맛이 있어 아이들이 먹기에 좋다. 『본초강목(本草綱目)』

포공영(蒲公英)-서양민들레

국화과
Taraxacum officinale WEBER.

138

씨

속명/유럽민들레 ·
양민들레 · 약민들레
분포지/각지의 산과 들,
유럽 원산
높이/30㎝ 안팎
생육상/여러해살이풀
개화기/3~9월
꽃색/노란색
결실기/4~10월
특징/꽃받침잎이 밑으로
뒤집어지며, 뿌리가
땅속으로 들어가고
잎이 사방으로 퍼진다.
용도/식용 · 관상용 ·
약용 · 밀원용

효능

뿌리 및 풀 전체를 강장(强壯) · 건위(健胃) · 창종(瘡腫) · 정종(丁腫) · 자상(刺傷) · 부종(浮腫) · 완하(緩下) 등의 약으로 쓴다.

민간 요법

서양민들레의 부드러운 잎을 많이 생식(生食)하면 건위(健胃) · 강장(强壯)에 좋다. 『집간방(集簡方)』

서양민들레의 꽃으로 민들레 술(酒)을 담가 건강주(健康酒) 또는 강장주(强壯酒)로 조금씩 마시면 좋다. 민들레 꽃을 따서 햇볕에 약간 말린 다음 술과 적당한 비례로 넣고 밀봉하여 60여 일 정도 지난 후에 마신다. 다만 꽃에는 꿀 성분이 많이 들어 있어 되도록이면 설탕을 넣지 않는 것이 좋다. 『식의심경(食醫心鏡)』

선인장(仙人掌)-선인장

선인장과
Opuntia ficus-indica var. saboten MAKINO.

140

속명/패왕수(霸王樹) ·
단자선인장(單刺仙人掌)
분포지/제주도에서
자란다. 열대 원산
높이/200㎝ 안팎
생육상/여러해살이풀
개화기/6~7월
꽃색/노란색
결실기/9월
특징/편평한 가지가
많이 갈라지며
경절(莖節)은 녹색이다.
용도/식용 · 관상용 · 약용

효능

줄기를 부종(浮腫) · 화상(火傷) 등의 약으로 쓴다.

민간 요법

물이 고이는 늑막염(肋膜炎)에는 선인장의 가시를 잘라 내고 깨끗이
씻은 뒤 강판에 갈아 작은 그릇에 반 그릇쯤 담아 식사 후 한 시간쯤 후에
마시면 식욕이 나고 원기를 회복하며 소변이 나와 효과가 있다.
『집간방(集簡方)』

화상(火傷)에는 선인장을 생으로 갈아서 즙(汁)을 환부(患部)에
바르면 거의 상처가 남지 않는다. 『남초방(南初方)』

서과피(西瓜皮)-수박

외과
Citrullus vulgaris SCHRAD.

142

속명/수과(水瓜) · 한과(寒瓜) · 대과(大瓜) · 서과등(西瓜藤)
분포지/농가에서 흔히 재배한다. 아프리카 원산
높이/길이 2m 안팎
생육상/한해살이풀
개화기/5~6월
꽃색/노란색
결실기/6~7월
특징/수꽃과 암꽃이 따로 있고 줄기가 지상(地上)으로 뻗으며
원줄기에 흰털이 있다. 덩굴성 식물
용도/식용 · 약용

효능

열매를 이뇨(利尿) · 구창(口瘡) · 방광염(膀胱炎) · 보혈(補血) · 강장(强壯) 등의 약으로 쓴다.

민간 요법

수박은 이뇨(利尿) 효과가 크며 각기(脚氣) · 신장병(腎臟病) · 방광염(膀胱炎) 등에도 효과가 있다. 『약용식물사전(藥用植物事典)』
수박은 성질이 차고 맛은 달고 싱거우며 독(毒)은 없다.
번갈(煩渴)과 서독(暑毒)을 없애고 소변(小便)을 이롭게 하며
혈병(血病)과 구창(口瘡)을 다스린다. 『본초비요(本草備要)』

사과락(絲瓜絡)-수세미오이

외과
Lufa cylindrica ROEM.

씨

속명/사과자(絲瓜子)·
사과(絲瓜)·수과(水瓜)·
수과락(水瓜絡)·수세미
분포지/관상용으로
흔히 심는다.
열대 아시아 원산
높이/길이 5m 안팎
생육상/한해살이풀
개화기/8∼9월
꽃색/노란색
결실기/10월
특징/열매 속에 있는
섬유질(纖維質)의
망상조직(網狀組織)이
발달하였고, 이것을
수세미로 쓴 데서
수세미오이라 한다.
덩굴성 식물
용도/관상용·공업용·
약용

효능

열매 및 수액(水液)을 거담(祛痰)·곽란(霍亂)·동상(凍傷)·이뇨(利尿)·
자궁출혈(子宮出血)·통유(通乳)·각기(脚氣)·부종(浮腫)·풍치(風痔)·
건위(健胃) 등의 약으로 쓴다.

민간 요법

수세미오이의 수액(水液)을 화장수(化粧水)로 쓰면 살결이 고와지고
땀띠에 발라도 좋다. 얼굴의 기름기를 없애 주고 피부가 트는 데나
화상(火傷) 등에 발라도 효과가 있다. 가을철에 줄기를 지상 30㎝ 정도에서
잘라 덩굴을 굽혀서 깨끗한 병 속에 넣고 공기나 잡물이 들어가지 않도록
솜 같은 것으로 막아 둔다. 그리고 2~3일이 지나면 수액이 나오는데
하룻밤에 대개 1~1.8리터쯤 나오며 이것을 오래 보관하려면
수액 1.8리터에 알콜 0.6리터를 넣거나 붕산 10g 정도를 넣어
어두운 곳에 두면 된다. 『본초연의(本草衍義)』

즙채(蕺菜)-약모밀

삼백초과
Houttuynia cordata THUNB.

속명/어성초(魚星草) · 십약(十藥) · 어린초(魚鱗草) · 측이근(側耳根) ·
필관채(筆管菜) · 어성채(魚星菜) · 단근초(丹根草) · 저채(菹菜) · 집약초 ·
중약초 · 멸
분포지/울릉도 및 중부 지방의 낮은 지대 습기 있는 곳
높이/20~50cm
생육상/여러해살이풀
개화기/6~7월
꽃색/노란색
결실기/8월
특징/네 개의 흰 꽃잎처럼 보이는 것은 꽃잎이 아니라
꽃받침잎으로 꽃잎은 없고 노란색의 꽃밥만 있다.
용도/관상용 · 약용

효능

풀 전체 또는 뿌리를 수종(水腫)·매독(梅毒)·방광염(膀胱炎)·
자궁염(子宮炎)·유종(乳腫)·중이염(中耳炎)·개선(疥癬)·
치질(痔疾)·중풍(中風)·폐염(肺炎)·강심(强心)·해열(解熱)·
고혈압(高血壓)·동맥경화(動脈硬化)·피부염(皮膚炎)·
이뇨(利尿)·완하(緩下)·요도염(尿道炎) 등의 약으로 쓴다.

민간 요법

약모밀은 가장 잘 알려진 약초로 생잎의 즙(汁)을 화농(化膿)·종기(腫氣)·
창상(創傷) 등에 바르면 창독(瘡毒)을 내리며 이뇨(利尿)의 효과가 있다.
임질(淋疾)·요도염(尿道炎) 등에는 약모밀 30g을 달여 마시며 이 달인
즙(汁)으로 치질(痔疾)·옴 등을 씻는다. 또 욕탕용으로 쓰면 좋다.
『약용식물사전(藥用植物事前)』
치질(痔疾)·치루(痔漏)·치핵(痔核)에는 약모밀의 땅속 줄기(地下莖)를
짓찧어 즙(汁)을 내어 1회 4g 정도를 1일 3회로 나누어 마신다. 또한
잎과 줄기를 말려서 40g 정도를 물 4홉에 달여 그 반량이 되도록 졸여
1일 3회로 나누어 마시면 효과가 있다. 『경험양방(經驗良方)』

백굴채-애기똥풀

양귀비과
Chelidonium majus var. asiaticum (HARA) OHWI.

148

속명/토황연(土黃蓮) ·
산황연(山黃蓮) ·
산서과(山西瓜) · 젖풀 ·
까치다리 · 씨아똥
분포지/전국의 산과 들
대개는 집 부근이나
길가 양지 바른 곳
높이/30~80cm
생육상/두해살이풀
개화기/5~8월
꽃색/노란색
결실기/7~9월
특징/원뿌리는 땅속
깊이 들어가고 줄기를
자르면 노란색의
유액(乳液)이 나오는
데서 젖풀이라 한다.
유독성 식물
용도/약용

효능

풀 전체를 위궤양(胃潰瘍)·간장약(肝臟藥)·진경(鎭痙)·진통(鎭痛)·
위암(胃癌)·진해(鎭咳)·진정(鎭靜) 등의 약으로 쓴다.

민간 요법

위궤양(胃潰瘍)·위암(胃癌) 등에 애기똥풀의 즙(汁)을 한 모금씩
먹는다고 하였으나 이 즙(汁)은 독성이 매우 강하기 때문에 함부로
먹으면 큰 부작용이 있으므로 우선 전문의에게 처방을 의뢰한 후
써야 한다. 『민간약초(民間藥草)』

여지(荔枝)—여주

외과
Momordica Charantia LINNE.

속명/금려지(錦荔枝) ·
만려지(蔓荔枝) · 나포도 ·
고과(苦瓜)
분포지/관상초로 심는다.
열대 아시아 원산
높이/길이 3m 안팎
생육상/한해살이풀
개화기/6~9월
꽃색/노란색
결실기/8~10월
특징/커다란 열매가
노랗게 익은 후 벌어진다.
덩굴성 식물
용도/식용 · 관상용 · 약용

효능

열매를 해열(解熱) · 거담(祛痰) · 맹장염(盲腸炎) 등의 약으로 쓴다.

민간 요법

여주의 씨는 체기(滯氣)를 없애고 한사(寒邪)를 물리치며
위장통(위경련)과 부인의 혈기통을 다스린다. 껍질은 두창(頭瘡)을
발하기 쉬우므로 태워서 사용한다. 『본초비요(本草備要)』

여주는 성질이 뜨거우므로 열병(熱病) 환자는 먹는 것을 피하며
조금씩 먹으면 위한(胃寒)과 복통(腹痛) · 어지러움증을 다스린다.
위한통(胃寒痛)에는 말린 여주 5~6개에 설탕을 넣어 달여 마시면
즉지 지통(止痛)이 된다. 『식물요험(植物療驗)』

푸른 여주 잎을 말려 가루로 만들어 대변(大便) 전에 피가 나오는
치질(痔疾)에는 냉수로 1회 2돈씩 마시고, 대변(大便) 후에 피가
나오는 치질(痔疾)에는 술에 타서 1회에 2돈씩 마시면 신비로울
정도의 효과가 있다. 『외과정의(外科精義)』

황과(黃瓜)-오이

외과
Cucumis Sativus LINNE.

152

속명/호과(胡瓜) · 외 ·
과채(瓜菜) · 물외
분포지/농가에서 흔히
밭에 재배한다.
인도 원산
높이/길이 2m 안팎
생육상/한해살이풀
개화기/5~6월
꽃색/노란색
결실기/9월
특징/전체에 굵은 털이
있고 열매가 익으면
녹색에서 붉은빛을 띤
노란색이 된다.
덩굴성 식물
용도/식용 · 약용

효능

열매를 종독(腫毒) 등 외과용에 약으로 쓴다.

민간 요법

심장병(心臟病) · 신장병(腎臟病) · 임질(淋疾) 등에는
오이를 두 쪽으로 잘라 씨를 빼낸 다음 그늘에 말린 것을
달여 마시면 효과가 있다. 『민간험방(民間驗方)』
오이의 잎을 짓찧어 낸 즙(汁)은 생모약(生毛藥)이 되며,
타박상(打撲傷)에는 밀가루와 후추가루로 반죽한 오이로
습포(濕布)를 하면 효과가 있다. 『집간방(集簡方)』

용아초(龍芽草)–짚신나물

장미과
Agrimonia Pilosa LEDEB.

속명/선학초(仙鶴草) · 지동풍(地洞風) · 자모초(子母草) ·
금선공(金仙公) · 황우미(黃牛尾) · 낭아초
분포지/전국의 산과 들 길가
높이/30~100cm
생육상/여러해살이풀
개화기/6~8월
꽃색/노란색
결실기/9~10월
특징/전체에 털이 있으며 풀잎의 맥(脈)이 짚신 같다 하여
짚신나물이라 한다.
용도/식용 · 약용

효능

풀 전체를 지혈(止血)·하리(下痢)·대하(帶下)·자궁출혈(子宮出血)·
누혈(漏血)·구충(驅蟲)·고혈압(高血壓)·해수(咳嗽)·장출혈(腸出血)·
안질(眼疾)·거풍(祛風)·강장(强壯)·강심(强心) 등의 약으로 쓴다.

민간 요법

여름에 꽃이 필 무렵 풀 전체를 채취하여 햇볕에 말려 잘 보관하고
1회 25g 정도를 물 0.9리터에 섞어 0.6리터가 될 때까지 달여 나누어
마시면 설사(泄瀉)·지혈(止血)·위장병(胃腸病)·분만(分娩) 후의
자궁경련(子宮痙攣)·임질(淋疾) 등에 효과가 있다. 『약초의 지식(藥草의 知識)』

산짚신나물 *Agrimonia Coreana* NAKAI.

전국의 낮은 지대의 산과 들에 자라는
여러해살이풀이다. 높이 100cm 안팎으로 뿌리가
약간 굵으며 전체적으로 털이 엉성하게 나고
7~8월에 노란색 꽃이 핀다.

왕과인(王瓜仁)-왕과

외과
Thladiantha dubia Bunge.

156

속명/토과(土瓜) · 적박(赤雹) · 가괄루(假括樓) · 조과(鳥瓜) · 왕가 · 쥐참외
분포지/중부 · 북부 지방의 산과 들 대개는 숲 가장자리
높이/길이 3m 안팎
생육상/여러해살이풀
개화기/6~8월
꽃색/노란색
결실기/9~10월
특징/전체에 희고 긴 털이 있고 열매는 붉은빛을 띤 노란색이다.
작고 참외 모양이라 쥐참외라 한다. 덩굴성 식물
용도/약용

157

효능

줄기 및 열매를 임질(淋疾)·황달(黃疸)·통유(痛乳)·
대하증(帶下症)·개선(疥癬)·당뇨병(糖尿病)·종기(腫氣)·
적백리(赤白痢)·요도염(尿道炎) 등의 약으로 쓴다.

민간 요법

가을에 뿌리를 캐어서 잘 말려 두고 이것을 1일 5~15g씩 달여서
복용하면 최유(催乳)·오줌싸개·변통(便通)·신장병(腎臟病)·
통경(痛經)·천식(喘息)·기침멎이 등에 효과가 있다.
『식의심경(食醫心鏡)』

젖이 잘 나오지 않을 때는 뿌리를 가루로 만든 것을 술에 섞어
1회 4~5g씩 1일 2회 정도 마시면 효과가 있다. 『외태묘요(外台秒要)』

과체(瓜滯)-참외

외과
Cucumis melo var. makuwa MAKINO.

속명/고정향(苦丁香) ·
첨과(甛瓜) · 감과(甘瓜) ·
향과(香瓜) · 감과체
분포지/농가에서 흔히
재배한다. 인도 또는
열대 아시아 원산
높이/길이 2m 안팎
생육상/한해살이풀
개화기/6~7월
꽃색/노란색
결실기/7~8월
특징/열매가 크게 열리며
여러 가지 색으로 익는다.
덩굴성 식물
용도/식용 · 약용

효능

열매의 꼭지를 부종(浮腫) · 충독(蟲毒) · 월경과다(月經過多) ·
양모(養毛) · 최토(催吐) · 구토(嘔吐) 등의 약으로 쓴다.

민간 요법

황달(黃疸)에는 참외를 많이 먹으면 효과가 있다. 『다산방(茶山方)』
황달(黃疸)이 낫지 않을 때에는 참외의 꼭지를 팥과 함께 달여 그 즙(汁)을
마시든가 참외 꼭지를 가루로 하여 콧구멍 속에 불어 넣으면 효과가 있다.
『본초비요(本草備要)』
천식(喘息)에는 참외 꼭지 7개를 말려서 가루로 만들어 참외 꼭지 달인
즙(汁)에 타서 마시고 즉시 토하면 낫는다. 『유편(類篇)』
참외 꼭지의 유효 성분은 에라데린(Elaterin)이라는 결정성(結晶性)
고미질(苦味質)로서 유독성이므로 약용에는 각별한 주의를 요한다.
『약용식물사전(藥用植物事典)』

우자(芋子)-토란

천남성과
Colocasia antiquorum var. esculenta ENGL.

잎줄기

속명/토련(土蓮) ·
우두(芋頭) · 우경(芋莖) ·
우(芋) · 백우(白芋) ·
토지(土芝) · 고은대
분포지/흔히 밭에
재배한다.
열대 아시아 원산
높이/100cm 안팎
생육상/여러해살이풀
개화기/8~9월
꽃색/노란색
결실기/10월
특징/땅속의 알 줄기
(球莖)가 섬유로 덮이고
작은 알 줄기가 달린다.
꽃은 드물게 나타나며
열매를 맺지 못한다.
용도/식용 · 공업용 · 약용

효능

알 줄기를 강장(強壯) · 지사(止瀉) · 태독(胎毒) · 생기(生肌) ·
우울증 등의 약으로 쓴다.

민간 요법

관절이 벌겋게 부어서 아플 때 · 맹장염(盲腸炎)의 초기 · 타박상(打撲傷) ·
급성 복막염(腹膜炎)으로 배가 몹시 아프고 부울 때 · 이하선염(耳下腺炎) ·
벌겋게 부어서 열이 있는 등의 증상에는 토란 찜질이 효과가 있다.
토란 찜질은 토란의 껍질을 벗겨 강판에 갈아 같은 양의 밀가루와 섞고
이 두 가지를 합친 양의 약 1% 되는 껍질 벗긴 생강을 강판에 갈아서
같이 넣어 절구로 찧어 잘 섞이게 한 후 면으로 된 헝겊에 고르게 펴서
환부(患部)에 대주고 겨울에는 불에 덮혀서 대주면 된다. 『남초방(南初方)』

번가(番茄)-토마토

가지과
Lycopersicon esculentum MILL.

속명/양시자(洋柿子) ·
번시(番柿) · 도마도 ·
서홍시(西紅柿) · 일년감
분포지/흔히 밭에
재배한다. 남아메리카
안데스 산맥 원산
높이/100cm 안팎
생육상/한해살이풀
개화기/6~8월
꽃색/노란색
결실기/7~9월
특징/부드러운 털이 많고
가지가 많이 갈라진다.
가지가 땅에 닿으면
마디에서 뿌리가 내린다.
용도/식용 · 약용

효능

열매를 보익(補益)·강장(强壯)·생혈(生血)·소화(消化)·건뇌(健腦)·
양정신(養精神)·야맹증(夜盲症)·고혈압(高血壓)·당뇨병(糖尿病)
등의 약으로 쓴다.

민간 요법

토마토를 생식(生食)하면 혈액을 맑게 해주며 동맥경화(動脈硬化) 및
간장병(肝臟病)에도 효과가 있다. 지방의 소화를 돕고 보건 식품으로
뛰어난 열매 채소(果菜)로 생식하는 것이 훨씬 좋다. 또 토마토의
즙(汁)은 살결을 곱게 한다.『식의심경(食醫心鏡)』

소두(小豆)-팥

콩과
Phaseolus angularis W.F. WIGHT.

속명/적소두(赤小豆) · 황화채두(黃花菜豆) · 적두(赤豆) · 홍두(紅豆)
분포지/흔히 밭에 재배한다. 중국 원산
높이/30~50cm
생육상/한해살이풀
개화기/8~9월
꽃색/노란색
결실기/10월
특징/길고 퍼진 털이 있으며 곧게 서고
품종(品種)에 따라 씨의 색깔이 여러 가지이다.
덩굴성 식물
용도/식용 · 약용

열매

효능
씨를 단독(丹毒)·통유(痛乳)·해열(解熱)·유종(乳腫)·각기(脚氣)·
이뇨(利尿)·종기(腫氣)·산전산후통(産前産後痛)·임질(淋疾)·
허냉(虛冷)·진통(鎭痛)·수종(水腫)·설사(泄瀉) 등의 약으로 쓴다.

민간 요법
임신(姙娠)·각기병(脚氣病)에 매우 효과가 있다. 부인의 젖이 부족할
때에는 붉은 팥을 삶아 국물과 함께 먹으면 효과가 있다.『족본험방(足本驗方)』
유뇨(遺尿 : 자신도 모르는 사이에 소변이 나오는 병)에는 팥의 잎을
짓이겨 짜낸 즙(汁)을 마시면 효과가 있다.『민간약초(民間藥草)』
술을 지나치게 마셔 토했을 때에는 팥 삶은 것을 먹거나 팥을 삶은
국물을 마시면 즉효가 있다.『약초지식(藥草知識)』

예팥 *Phaseolus calcaratus* ROXB.

인도 원산으로 알려진 덩굴성의 한해살이풀이다.
왼줄기는 곧게 서지만 윗부분이 덩굴로 되고
길이 100cm 안팎까지 길게 자란다. 8~9월에
노란색 꽃이 피고 10월에 가늘고 긴 열매가 익는다.

남과(南瓜)-호박

외과
Cucurbita moschata DUCHESNE.

속명/왜과(倭瓜)·번남괘(番南瓜)·번과(番瓜)·서호로(西葫蘆)

분포지/농가에서 흔히 재배한다. 열대 아메리카 원산

높이/길이 5m 안팎

생육상/한해살이풀

개화기/6~10월

꽃색/노란색

결실기/10월

특징/줄기의 단면이 오각형(五角形)이며

전체에 털이 있다. 덩굴성 식물

용도/식용·약용

씨

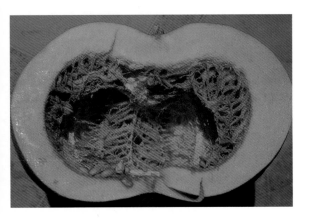

167

효능

익은 열매를 민간에서 약으로 쓴다.

민간 요법

단독(丹毒)에는 호박을 으깨어 종이에 펼쳐 국부에 붙이면
효과가 있으며, 벌레에 쏘였을 때 잎이나 꽃을 따서 환부(患部)에
문대면 효과가 있다. 『민간약초(民間藥草)』
중풍(中風) 예방에는 호박을 생식하면 큰 효과가 있다. 『식의심경(食醫心鏡)』
남과(南瓜)는 약성(藥性)이 감미(甘味)롭고 따뜻하며
보중(補中)·자양강장(滋養强壯)의 약효가 있다. 『본초비요(本草備要)』

화초 호박 *Cucurbita pepo* LINNE var. *ovifera* ALEF.

열대 아메리카 및 멕시코 원산으로 각지에서
관상용으로 흔히 심는 여러해살이풀이다.
길이 3m 안팎으로 7~9월에 노란색 꽃이 피고
9~10월에 열매가 익는다. 덩굴 식물

향일규(向日葵)-해바라기

국화과
Helianthus annuus LINNE.

속줄기

속명/향일화(向日花) ·
향일규화(向日葵花) ·
향일연(向日蓮) ·
조일화(朝日花) ·
일륜초(日輪草) ·
태일화(太日花) ·
규화(葵花)
분포지/각지에서 관상용
으로 흔히 심는다.
아메리카 원산
높이/2m 안팎
생육상/한해살이풀
개화기/8~9월
꽃색/노란색
결실기/10월
특징/전체에 굳센
털이 있고 해가 비치는
쪽을 향하여 피는 데서
향일화라 한다.
용도/식용 · 관상용 ·
공업용 · 약용

169

효능

씨를 보익(補益) · 구풍(驅風) · 해열(解熱) · 류머티즘 등의 약으로 쓴다.

민간 요법

해바라기의 잎 및 꽃을 말려서 달여 구풍(嘔風) · 해열(解熱) ·
류머티즘에 복용하면 효과가 있다. 또한 씨를 복아서 탕으로 만들어
마시면 이뇨(利尿)에 특효가 있다. 『약용식물사전(藥用植物辭典)』
치통(齒痛)에는 해바라기의 속줄기를 태워서 재를 만들어 매실의
열매살에 싼 후 아픈 이빨로 물고 있으며 낫는다. 『의종필독(醫宗必讀)』
난산(難産)에는 해바라기의 꽃을 말려 가루로 만들어 술에 섞어
한 숟갈씩 먹는다. 『의학박정(醫學博正)』

회향(茴香)-회향

미나리과
Foeniculum vulgare GAERTNER.

속명/대회향(大茴香) · 소회향(小茴香) · 각회향(角茴香) · 회향풀
분포지/약용 식물로 재배한다. 남부 유럽 원산
높이/2m 안팎
생육상/여러해살이풀
개화기/7~8월
꽃색/노란색
결실기/10월
특징/원줄기는 녹색으로 둥글고 털이 없으며, 풀 전체에서
독특한 향(香)이 많이 난다.
용도/식용 · 약용

효능
풀 전체 및 씨, 뿌리를 악심(惡心) · 진통(鎭痛) · 각기(脚氣) ·
구토(嘔吐) · 창종(瘡腫) · 식욕촉진(食慾促進) · 구풍(驅風) ·
거담(祛痰) · 최유(催乳) · 대하(帶下) · 사독(蛇毒) · 간질(癎疾) ·
치통(齒痛) · 부인음중종(婦人陰中腫) · 음위(陰萎) · 신경통(神經痛) ·
관절염(關節炎) · 건위(健胃) 등의 약으로 쓴다.

민간 요법
회향의 열매 말린 것을 1일 5~9g씩 달여 복용하면 건위(健胃) ·
구풍(驅風) · 거담(祛痰) · 기침멎이 · 산기(疝氣) · 해열(解熱) 또는
젖이 나오지 않는 사람에게 효과가 있다. 『경험양방(經驗良方)』
줄기와 잎을 욕탕(浴湯)에 넣어 목욕하면 보온(補溫)의 효과가 있다.
『집간방(集簡方)』

훤초(萱草)-원추리

백합과
Hemerocallis fulva LINNE.

속명/홍훤(紅萱) ·
등황옥잠(橙黃玉簪) ·
등황훤초(橙黃萱草) ·
금침채(金針菜) ·
황화채 · 넘나물
분포지/남부 · 중부 ·
북부 지방의 산과 들에
자라고 대개는 집에
심는다.
높이/60~80cm
생육상/여러해살이풀
개화기/7~8월
꽃색/붉은빛이 도는
노란색
결실기/10월
특징/땅속의 뿌리가
방추형(方錐形)으로
굵어지는 덩이 뿌리
(塊莖)이다.
용도/식용 · 관상용 ·
밀원용 · 약용

효능

덩이 뿌리를 강장(强壯) · 이뇨(利尿) · 황달(黃疸) · 번열(煩熱) ·
치임(治淋) · 생남약(生男藥) · 지혈(止血) · 소염(消炎) 등의 약으로 쓴다.

민간 요법

봄에 나오는 원추리의 새순을 나물로 상식(常食)하면
강장제(强壯劑) · 이뇨제(利尿劑) 등으로 큰 효과가 있다. 『식이요법(食餌療法)』

큰원추리 *Hemerocallis middendorfii* TRAUTV. et MEYER.

각지의 산에 자생하는 여러해살이풀이다.
높이 40~70cm이고 땅속의 뿌리가 붉은빛 도는
갈색이며 6~8월에 노란색 꽃이 핀다.

황원추리 *Hemerocallis thunbergii* BAK.

각지의 산과 들에 자라는 여러해살이풀이다.
높이 100cm 안팎이고 땅속에 끈 같은 굵은 뿌리가
있으며 6~7월에 노란색 꽃이 핀다.

각시원추리 *Hemerocallis clumortieri* MORR.

중부 · 북부 지방의 고산 지대에 자라는
여러해살이풀이다 높이 40~70cm이고 땅속에
덩이 뿌리가 있으며 6~7월에 붉은빛이 도는
노란색 꽃이 핀다.

천초(茜草)-꼭두서니

꼭두서니과
Rubia akane NAKAI.

174

속명/천초근(茜草根)·
여인홍(女人紅)·
소혈등(小血藤)·
팔선초(八仙草)·
토천초(土茜草)·
풍차초(風車草)·
대천초(大茜草)·
홍천(紅茜)·우만(牛蔓)·
가삼자리
분포지/전국의 산과 들
대개는 숲 가장자리
높이/길이 150cm 안팎
생육상/여러해살이풀
개화기/7~9월
꽃색/연한 노란색
결실기/10월
특징/원줄기는 네모지고
줄기 능선에 가시털이
있다. 뿌리로 꼭두색의
염료재(染料材)를 만드는
데서 꼭두서니라 한다.
덩굴성 식물
용도/식용·공업용·약용

효능

뿌리를 황달(黃疸)·지혈(止血)·토혈(吐血)·요혈(尿血)·통경(通經)·
해열(解熱)·강장(强壯)·정혈(淨血)·풍습(風濕) 등의 약으로 쓴다.

민간 요법

부인(婦人)의 경수(經水)가 잘 나오지 않을 때에는 가을에 검은색으로 익는
꼭두서니 열매를 달여서 먹으면 효과가 있다. 열매 말린 것 20~30알을
1일분으로 하여 달여서 먹으면 월경불순(月經不順)에도 효과가 있다.
또한 뿌리 말린 것 10g, 물 500CC, 술 100CC를 섞어 그 반량이 될 때까지
달여서 1일 3회로 나누어 복용하면 효과가 있다. 『약용식물사전(藥用植物事典)』
이뇨(利尿)·구내염(口內炎)·편도선염(扁桃腺炎)·잇몸 염증(炎症) 등은
꼭두서니 뿌리를 달인 즙(汁)으로 상처 부위를 세척하면 효과가 있다.
『약용식물사전(藥用植物事典)』

고삼(苦參)-고삼

콩과
Sophora flavescens AIT.

열매

속명/산두근(山豆根)·
야괴(野槐)·수괴(水槐)·
고골(苦骨)·백경(白莖)·
지삼(地參)·쓴너삼·
능암·도둑놈의지팽이·
산괴자(山槐子)·
지괴수(地槐樹)·
지괴근(枝槐根)
분포지/전국의 산과 들
양지 바른 초원
높이/100cm 안팎
생육상/여러해살이풀
개화기/6~8월
꽃색/연한 노란색
결실기/10월
특징/줄기는 녹색이지만
어릴 때는 검은빛이 돌며,
풀잎이 아카시나무 잎과
닮았다. 뱀이 자주 쉬어
간다 하여 뱀의정자나무
라고도 한다.
용도/약용

효능

뿌리 줄기(根莖) 및 꽃을 이뇨(利尿)·건위(健胃)·피부병(皮膚病)·
진통(鎭痛)·해열(解熱)·학질(瘧疾)·구충(驅蟲) 등의 약으로 쓴다.

민간 요법

고삼 뿌리 말린 것 5~15g을 물 0.4리터에 그 반량이 되도록 달인다.
이것을 1일분으로 하여 3회에 나누어 복용하면 건위(健胃)·
강장(强壯)·회충(蛔蟲)·구제·신장병(腎臟病)·심장병(心臟病)·
자궁내막염(子宮內膜炎)·대하증(帶下症)·산후(産後)·졸도(卒倒)·
탈모방지(脫毛防止) 및 어개조수(魚介鳥獸)의 식중독(食中毒)·
피부병(皮膚病)·나병(癩病)에도 효과가 있다. 종기통(腫氣痛)에는
풀 전체의 생즙(生汁)이나 달인 즙(汁)으로 씻으면 효과가 있다.
『본초비요(本草備要)』

창이자(蒼耳子)-도꼬마리

국화과
Xanthium strumarium LINNE.

178

속명/권이자(卷耳子) ·
창이(蒼耳) · 창자(蒼子) ·
갈기래(喝起來) ·
양부래(羊負來) ·
도인두(道人頭) ·
권이초(卷耳草) ·
산초해(山草解) ·
태이자(怠耳子) ·
독고마리 · 되꼬리
분포지/전국의 낮은 지대
집 근처 텃밭이나
길가 빈터 등지
높이/100cm 안팎
생육상/한해살이풀
개화기/8~9월
꽃색/연한 노란색
결실기/10월
특징/잎과 더불어 털이
있으며, 열매에 구부러진
가시가 많이 달려 있어
잘 달라 붙는데 이것을
창이자라 한다.
용도/식용 · 약용

효능

열매를 진통(鎭痛)·정종(丁腫)·금창(金瘡)·수종(水腫)·배농(排膿)·
치질(痔疾)·편도선염(扁桃腺炎)·중풍(中風)·광견병(狂犬病)·
습진(濕疹)·발한(發汗)·관절염(關節炎)·매독(梅毒)·해독(解毒)·
이뇨(利尿)·산후통(産後痛)·치통(齒痛)·명안(明眼)·나력(瘰癧)·
두통(頭痛) 등의 약으로 쓴다.

민간 요법

감기(感氣)·해열(解熱)·발한(發汗)·두통(頭痛)·신경통(神經痛)·
축농증(蓄膿症) 등에 도꼬마리 열매 말린 것 3~6g을 1일분으로 하여
달여서 마시면 효과가 있다.『약초지식(藥草知識)』
광견병(狂犬病:개에게 물린 데) 및 모기 등에 물렸을 때에는 도꼬마리의
줄기와 잎을 짜낸 즙(汁)을 바르면 효과가 있다.『경험방(經驗方)』
학질(瘧疾 : 말라리아)에 걸렸을 때에는 가시가 있는 도꼬마리의 열매를
볶아서 가루로 만든 것을 술과 같이 복용하면 효과가 있고, 두통(頭痛)에는
도꼬마리 열매와 천궁, 당귀를 똑같은 분량으로 섞어서 가루로 만들어
5g 정도씩 잠잘 때 먹으면 효과가 있다.『약초지식(藥草知識)』

도(稻)-벼

벼과
Oryza sativa LINNE.

속명/도자(稻子) · 나(糯) ·
수도(水稻) · 조도(早稻) ·
경(粳) · 나락 · 논벼
분포지/주요 작물로
재배한다. 인도 및
말레이시아 원산
높이/50~100cm
생육상/한해살이풀
개화기/7~8월
꽃색/연한 노란색
결실기/9~10월
특징/여러 대가 나와
포기를 형성하고,
꽃이삭에는 포영
(苞穎)이 벌어지며
안에서 꽃술만 나온다.
용도/식용 · 공업용 · 약용

효능

어린 싹 및 벼 짚 등을 민간에서 약으로 쓴다.

민간 요법

볏짚 속을 태워 그 재를 그릇에 담고 물을 많이 부어 두면 처음에는
흐린 물이지만 차차 맑아진다. 당뇨병(糖尿病)에는 그 맑은 물을
목이 마를 때 한 컵씩 차(茶) 대용으로 마시면 큰 효과를 본다.
『중의묘방(中醫妙方)』

6월경에 벼의 새싹이 12∼15cm 정도 자랐을 때에 그늘에 말려
한줌 정도를 5홉의 물로 달인다. 이 즙액(汁液)을 차(茶)처럼
조금씩 계속 마시면 신장병(腎臟病)에는 놀라운 효과가 있으며,
심장병(心臟病)에도 효과가 있다. 『성혜방(聖惠方)』

생강(生薑)-생강

생강과
Zingiber officinale ROSC.

182

속명/건강(乾薑) · 강(薑) · 새양 · 새앙

분포지/각지의 농가에서 심는다. 열대 아시아 원산

높이/30~50cm

생육상/여러해살이풀

개화기/8~9월

꽃색/연한 노란색

결실기/10월

특징/연한 노란색의 굵은 뿌리 줄기(根莖)는 옆으로
자라는데 육질(肉質)로 맵고 향기가 있어
각종 식료품의 향미료(香味料)로 쓴다.

용도/식용 · 약용

약재

효능

뿌리 줄기를 건위(健胃) · 거담(祛痰) · 발한(發汗) · 진통(鎭痛) ·
지혈(止血) · 중풍(中風) · 구토(嘔吐) · 변비(便秘) 등의 약으로 쓴다.

민간 요법

중풍(中風)에는 생강즙을 마시면 효과가 있다. 또한 감기(感氣)는
생강을 썰어 먹고 땀을 내면 즉시 낫는다. 『다산방(茶山方)』
곽란(藿亂)에는 생강에 소금을 약간 넣어 물에 달여서 마시면
즉시 토하고 낫는다. 『경험방(經驗方)』
각기통(脚氣痛)에는 생강을 짓찧어 붙이면 신비한 효과가 있다.
『경험양방(經驗良方)』
오랜 기침에는 생강즙 반 홉에 술 한 숟가락을 넣고 달여서
1일 3회 공복에 마시면 효과가 있다. 『외태비요(外台秘要)』

의이인(薏苡仁)-율무

벼과
Coix lachryma-jobi var. mayuen (ROMAN.) STAPF.

184

속명/의이(薏苡)·의미인(薏米仁)·초주(草珠)·의서(薏黍)·
의이미(薏苡米)·율무쌀

분포지/흔히 밭에 재배한다. 중국 원산

높이/1~1.5m

생육상/한해살이풀

개화기/7월

꽃색/연한 노란색

결실기/10월

특징/곧게 자라고 여러 대로 갈라지며, 꽃잎이 없고 딱딱한 엽초 속에
꽃밥만 보인다.

용도/식용·공업용·약용

효능

씨를 진경(鎭痙)·강장(强壯)·진통(鎭痛)·이뇨(利尿)·부종(浮腫)·
늑막염(肋膜炎)·관절염(關節炎)·신경통(神經痛)·폐결핵(肺結核)·
수종(水腫)·소염(消炎)·해열(解熱)·백대하증(白帶下症)·건위(健胃)·
구충(驅蟲) 등의 약으로 쓴다.

민간 요법

율무를 장기간 차(茶)로 마시면 몸이 가볍고 기력(氣力)이 늘며 건강과
장수를 위해서는 장복하는 것이 좋다고 하였다.『신농본초경(神農本草經)』
율무의 뿌리를 뽑아 잘 씻어 말린 것을 달여 마시면 혈행(血行)이 좋아지고
치통(齒痛)이 멎게 되며 배알이 등에도 효과가 있다.『남초방(南初方)』

적전(赤箭)—천마

난초과
Gastrodia elata BL.

속명/정풍초(定風草) · 적마(赤麻) · 죽간초(竹杆草) · 수자해좃
분포지/전국의 깊은 산 부식질(腐植質)이 많은 계곡 숲속
높이/60~100cm
생육상/여러해살이풀
개화기/6~7월
꽃색/노란빛이 도는 갈색
결실기/9월
특징/잎이 없고 땅속의 덩이 줄기(塊莖)는 옆으로 길쭉하며
뚜렷하지 않는 테가 있다.
용도/관상용 · 약용

효능

덩이 줄기를 요슬통(腰膝痛) · 변비(便秘) · 중풍(中風) · 풍습(風濕) ·
현기증(眩氣症) · 익정(益精) · 신경쇠약(神經衰弱) · 강장(强壯) ·
두통(頭痛) 등의 약으로 쓴다.

민간 요법

천마(天麻)를 1일 3~5g 정도씩 복용하면 강장제(强壯劑)가 되고
현기증(眩氣症) · 두통(頭痛) · 신경쇠약(神經衰弱) · 진경(鎭痙) ·
감기(感氣)의 열 · 저린 데 등에 효과가 있다. 천궁(川芎)을 추가하여
달여서 적당한 양으로 나누어 복용하면 더욱 효과가 있다. 『성혜방(聖惠方)』

피마자(蓖麻子)-피마자

대극과
Ricinus communis LINNE.

열매

속명/비마자(批麻子) ·
양황두(洋黃豆) ·
피마(蓖麻) · 피마주 ·
아주까리
분포지/각지에서 흔히
재배한다. 열대 원산
높이/2m 안팎
생육상/한해살이풀
개화기/8~9월
꽃색/암꽃은 붉은색,
수꽃은 연한 노란색
결실기/10월
특징/가지가 굵게
갈라지고 줄기의 속이
비어 있으며 나무같이
자란다.
용도/공업용 · 약용

189

효능

잎, 씨, 뿌리 껍질을 한열(寒熱) · 두통(頭痛) · 진통(鎭痛) · 통경(痛經) ·
난산(難産) · 부종(浮腫) · 종독(腫毒) · 소아 소화불량(小兒消化不良) ·
적체(積滯) · 개선(疥癬) · 태의불하(胎衣不下) · 지혈(止血) · 변독(便毒) ·
맹장염(盲腸炎) · 풍상(風傷) · 풍습(風濕) · 피부병(皮膚病) · 통변(通便)
등의 약으로 쓴다.

민간 요법

고열(高熱)이 있을 때나 체(滯)했을 경우 또는 아이가 별다른 증상 없이
열이 날 때는 초기의 조치로서 피마자 기름을 먹이는 것이 매우 효과 있다.
분량은 차 스푼으로 어른은 1회 5개, 15세 이하는 4개, 10세 이하는 3개,
5세 이하는 1~2개 정도이다. 『경험양방(經驗良方)』

서국초(鼠麴草)-떡쑥

국화과
Gnaphalium affine D. DON.

190

속명/불이초(佛耳草) ·
서곡초(鼠曲草) ·
야국(野菊) · 향모(香茅) ·
무심초(無心草) · 송곳풀
분포지/전국의 낮은
지대 길가 언덕이나
밭 근처
높이/15~40cm
생육상/두해살이풀
개화기/5~7월
꽃색/노란빛이 도는 흰색
결실기/8~9월
특징/전체가 흰털로
덮여 있어 흰빛이 돌며
섬유질이 많이 있다.
이 풀로 떡을 해 먹는
데서 떡쑥이라 한다.
용도/식용 · 약용

효능

풀 전체를 지혈(止血) · 건위(健胃) · 하리(下痢) · 거담(袪痰) 등의
약으로 쓴다.

민간 요법

개선(疥癬 : 옴) · 습진(濕疹)에는 떡쑥 말린 것과 고추를 함께 태워
그 재를 참기름에 개어 바르면 효과 있다. 『약초의 지식(藥草의 知識)』
떡쑥은 기침과 담(痰)을 다스리고 폐(肺) 속의 한사(寒邪)를
없애 준다. 『의학입문(醫學入門)』
한방(漢方)에서는 진해제(鎭咳劑) · 거담약(袪痰藥)으로 달여 마시며,
떡쑥의 꽃을 말려서 담배의 대용으로 하면 천식(喘息)을 일으키는
일이 없다고 한다. 『약용식물사전(藥用植物事典)』

음양곽(淫羊藿)-삼지구엽초

매자나무과
Epimedium koreanum NAKAI.

192

속명/선령비(仙靈脾) ·
조선음양곽(朝鮮淫羊藿) ·
양곽엽(羊藿葉)
분포지/남부 · 중부 · 북부
지방의 깊은 산 숲속
높이/30㎝ 안팎
생육상/여러해살이풀
개화기/5월
꽃색/노란빛이 도는 흰색
결실기/7월
특징/한 포기에서 여러
대가 나와 곧게 자라며,
가지가 세 개이고 잎이
세 개씩 아홉 개이므로
삼지구엽초라 한다.
용도/관상용 · 약용

효능

풀 전체를 강장(强壯) · 이뇨(利尿) · 장근골(壯筋骨) · 음위(陰痿) ·
건망증(健忘症) · 강정제(强精劑) 등의 약으로 쓴다.

민간 요법

강장(强壯) · 강정(强精) · 음위(陰痿)에 특별한 효과가 있으며
이것을 복용하면 정맥(精脈)의 분비가 늘고 남근(男根)의 혈액량을
증가시켜 발기력을 강하게 하는 작용을 한다. 이뿐만 아니라 뇌(腦)와
부신(副腎)의 작용도 원활히 해주고 건망증(健忘症) · 신경쇠약(神經衰弱) ·
사지경련에도 효과가 있다. 땅에서 솟아나와 꽃이 피기 직전의 것이
약효가 좋다. 『경험양방(經驗良方)』

파초(芭蕉)-파초

파초과
Musa basjoo SIEB.

194

속명/파초수(芭蕉樹)
분포지/남부 지방 및
제주도에서 관상초로
심는다. 중국 원산
높이/5m 안팎
생육상/여러해살이풀
개화기/6~9월
꽃색/노란빛이 도는
흰색
결실기/10월
특징/잎이 대단히 크고
뿌리 줄기(根莖)가 크며,
옆에서 작은 덩이 줄기
(塊莖)가 나와 번식한다.
상록관엽 식물
용도/관상용 · 약용

효능

뿌리를 민간에서 약으로 쓴다.

민간 요법

열(熱)이 좀처럼 내려가지 않을 때는 파초의 뿌리 한줌을 1홉의 물로
반량이 될 때까지 달인 후 이것을 1회량으로 하여 차(茶) 대용으로
자주 복용하면 해열제(解熱劑)로 효과가 크다. 『다산방(茶山方)』

파초의 뿌리는 이뇨제(利尿劑)로 쓰기도 하고, 신장병(腎臟病)에도
뛰어난 효과가 있다. 『다산방(茶山方)』

미채(薇菜)-고비

고비과
Osmunda japonica THUNB.

속명/미(薇) · 자기(紫萁) · 광동태(廣東苔) · 구척(狗脊) · 고비나물
분포지/전국의 산 숲 가장자리 및 냇가 근처
높이/60~100㎝
생육상/여러해살이풀
개화기/3월(포자)
꽃색/갈색
결실기/5월(포자엽)
특징/땅속의 주먹 같은 뿌리 줄기(根莖)에서 줄기가
여러 대 나온다. 어릴 때는 잎줄기가 둥글게
말려 있다가 자라면서 풀린다.
용도/식용 · 관상용 · 약용

새싹

효능

뿌리 및 풀 전체를 임질(淋疾) · 각기(脚氣) · 수종(水腫) 등의
약으로 쓴다.

민간 요법

잎의 면양질(綿樣質)의 섬유(纖維)를 채취하여 출혈(出血)이 있는
상처에 붙이면 지혈(止血)이 잘 된다. 『의학입문(醫學入門)』

고비는 속을 편안하게 하고 대소장(大小腸)을 청결하게 하며
이뇨(利尿) · 부종(浮腫) 등의 효과가 있다. 『의학입문(醫學入門)』

고비는 수종(水腫)과 충(蟲)을 없애며 잎을 달여서 마시면
임질(淋疾) · 각기(脚氣) 등에 효과가 있다. 또한 무릎, 허리 등의
관절(關節)이 아플 때에는 잎을 달인 즙(汁)으로 찜질하거나
환부(患部)에 바르면 효과가 있다. 『약용식물사전(藥用植物事典)』

고비를 많이 먹으면 양기(陽氣)가 쇠약(衰弱)해진다. 『본초비요(本草備要)』

궐채(蕨菜)-고사리

고사리과
Pteridium aquilinum var. latiuscullum
(DESV.) UNDERW.

198

속명/궐(蕨) · 궐근(蕨根) ·
권두채(拳頭採) ·
궐아채(蕨芽菜) ·
궐인채(蕨仁菜) ·
여의채(如意菜) ·
용두채(龍頭菜) ·
고사리나물 · 고사리밥 ·
층층고사리
분포지/전국의 산과 들
양지 바른 초원
높이/100㎝ 안팎
생육상/여러해살이풀
개화기/5~6월(포자)
꽃색/갈색
결실기/8월(익포)
특징/굵은 땅속 줄기
(地下莖)가 옆으로 뻗으며,
꽃이 피지 않고 잎 뒷면에
포자(胞子)가 형성된다.
용도/식용 · 약용

효능

뿌리를 이뇨(利尿) · 통변(通便) · 부종(浮腫) · 통경(通經)에 약으로
쓰며, 뿌리에서 전분(澱粉)을 채취하여 약용(藥用)으로 쓰거나
풀을 만든다.

민간 요법

고사리의 성분 중에는 석회질(石灰質)이 많기 때문에 먹으면
이와 뼈가 튼튼해진다. 『약용식물사전(藥用植物事典)』
옛날에는 고사리 뿌리에서 나오는 전분(澱粉)을 식용하였다. 가을에
잎이 죽어갈 무렵 고사리의 땅속에 있는 굵은 뿌리 줄기(根莖)를 캐어
깨끗이 씻은 후 전분으로 만들어 음식을 만들어 먹는다.
이 뿌리의 전분은 자양강장제(滋養强壯劑)로 효과가 뛰어나며
해열(解熱)의 효과도 크다. 『본초비요(本草備要)』

권백(卷柏)-부처손

부처손과
Selaginella tamariscina (BEAUV.) SPRING.

200

속명/장생불사초(長生不死草) · 불사초(不死草) · 불로초(不老草) ·
석화(石花) · 만년초(萬年草) · 지측백(地側柏) · 불수초(佛手草) ·
바위손 · 풀푸시
분포지/전국의 산 바위 곁에 붙어 자란다.
높이/20cm 안팎
생육상/여러해살이풀
개화기/7~8월(포자)
꽃색/갈색
결실기/9월(광란포)
특징/많은 담근체(擔根體)와 뿌리가 엉켜 줄기처럼 된다.
건조하면 오그라들고 비가 오거나 습기가 있으면 활짝 펴진다.
용도/관상용 · 약용

효능

풀 전체를 지혈(止血) · 하혈(下血) · 통경(通經) · 탈항(脫肛)에 약으로 쓴다.

민간 요법

하혈(下血) · 통경(通經)에 부처손 말린 것을 적당량 끓여 그 즙(汁)을
차(茶) 대용으로 복용하면 효과가 있다. 『민간약초(民間藥草)』

석위(石韋)-세뿔석위

고사리과
Pyrrosia tricuspis (SW.) TAGAWA.

속명/비도검(飛刀劍) · 와위(瓦韋) · 일엽초(一葉草) · 소석위(小石韋)
분포지/제주도 · 남부 · 중부 지방의 해안가 바위
높이/15~20cm
생육상/여러해살이풀
개화기/6월(포자)
꽃색/갈색
결실기/9월(구포)
특징/뿌리 줄기(根莖)는 옆으로 뻗고 비늘잎(鱗片)이 밀포한다.
상록성 식물
용도/관상용 · 약용

효능
풀 전체를 보익(補益)·지혈(止血) 등의 약으로 쓴다.

민간 요법
항상 푸른 잎을 달고 있으므로 잎을 채취하여 말린 후 이것을 달여서
복용하면 이뇨제(利尿劑)가 되고 임질(淋疾)을 치유하며 정기(精氣)를
샘솟게 한다. 『다산방(茶山方)』
대변(大便)을 볼 때 피가 나오는 경우에는 잎을 말려 분말로 만든 것을
잎자루 및 뿌리 줄기(根莖) 달인 즙으로 반죽하여 환부(患部)에 바르면
효과가 있다. 『집간방(集簡方)』

석위 *Pyrrosia lingua* (THUNB.) FARWELL

제주도 및 다도해 섬 지방의 숲속 바위 또는 노목에서
자라는 여러해살이풀이다. 뿌리 줄기(根莖)가
비늘잎(鱗片)으로 덮인다. 높이 10~25cm로
6월에 갈색의 포자가 피며 9월에 구포가 열린다.

필두채(筆頭菜)-쇠뜨기

속새과
Equisetum pratense EHRH.

속명/문형(問荊) · 마초(馬草) · 토마화(土麻花) · 마수(馬須) ·
필관초(筆管草) · 소뜨기 · 속띠기 · 쇠띠기
분포지/전국의 산과 들 길가 초원
높이/20~60cm
생육상/여러해살이풀
개화기/3~4월(포자)
꽃색/갈색
결실기/5~6월
특징/이른봄에 먼저 생식경(生殖莖)이 나와서 끝에 뱀머리 같은
포자낭수(胞子囊穗)를 형성하며, 마디에는 비늘 같은 잎이 달린다.
용도/식용 · 약용

효능

풀 전체 및 생식경을 탈항(脫肛) · 자궁출혈(子宮出血) · 하리(下痢) · 명안(明眼) · 치질(痔疾) 등의 약으로 쓴다.

민간 요법

이른봄에 쇠뜨기의 생식경을 그늘에 잘 말려 두고 1일 6돈 정도를 달여서 복용하면 신장병(腎臟病)에 좋은 효과를 볼 수 있다.

『남초방(南初方)』

반하(半夏)-반하

천남성과
Pinellia ternata (THUNB.) BREIT.

속명/삼엽반하(三葉半夏)·법반하(法半夏)·무심채(無心菜)·끼무릇

분포지/전국의 낮은 지대 집 근처의 텃밭 등지

높이/20~40cm

생육상/여러해살이풀

개화기/6~7월

꽃색/연한 노란빛이 도는 흰색

결실기/10월

특징/땅속에 지름 1cm 안팎의 알 줄기(球莖)가 있다.
뿌리에서 1~2개의 잎이 나오고 잎자루가 길며,
안쪽 끝에 1개의 육아(肉芽)가 달린다.

유독성 식물

용도/약용

약재

효능

알 줄기를 감기(感氣) · 구토(嘔吐) · 진해(鎭咳) · 거담(祛痰) ·
졸도(卒倒) · 위장염(胃腸炎) · 창종(瘡腫) · 인후염(咽喉炎) ·
진정(鎭靜) · 강심(强心) · 이뇨(利尿) 등의 약으로 쓴다.

민간 요법

종기(腫氣) 등에는 반하 마른 것을 잘게 부수어 가루로 만들어
밥과 섞어서 고약처럼 곱게 이겨 가지고 기름종이나 창호지에 펴서
물집이 생긴 환부(患部)에 붙이면 신통하게 효과가 있다.
『경험방(經驗方)』
천식(喘息)의 경우 발작을 일시적으로 멈추게 하고자 할 때는
한 번에 1돈 정도의 반하 가루와 생강즙을 약간 섞어 먹이면
발작이 즉시 멈춘다. 『집간방(集簡方)』

섬천남성

녹색

양유(羊乳)-더덕

도라지과
Codonopsis lanceolata (S. et Z.) TRAUTV.

속명/사삼(沙參)·
양각채(羊角菜)·
사엽삼(四葉參)·
구두삼(拘頭參)·
유두서(乳頭薯)·
윤엽당삼(輪葉當參)·
대두삼(大頭參)·
유부인(乳夫人)·
백삼(白參)
분포지/전국의 산 나무
밑 그늘에 자생, 농가에서
밭에 재배하기도 한다.
높이/길이 2m 안팎
생육상/여러해살이풀
개화기/8~9월
꽃색/연한 녹색
결실기/10월
특징/줄기를 자르면
흰 유액(乳液)이 나오고
땅속의 뿌리는
도라지 모양으로 굵으며,
전체에 향(香)이 있다.
덩굴 식물
용도/식용·관상용·약용

효능

뿌리를 식용하고 천식(喘息) · 보폐(補肺) · 경풍(驚風) · 한열(寒熱) · 편도선염(扁桃腺炎) · 인후염(咽喉炎) · 거담(祛痰) · 건위(健胃) 등의 약으로 쓴다.

민간 요법

더덕은 거담약(祛痰藥), 건위약(健胃藥)으로 쓰며 또한 건위강장제(健胃强壯劑)로서 폐열(肺熱)을 없애고 폐기(肺氣)를 보하며 신(腎)과 비(脾)를 이롭게 한다. 1일 8g 정도를 달여서 복용한다.

『약용식물사전(藥用植物事典)』

더덕은 위(胃)와 폐기(肺氣)를 보(補)하고 산기(疝氣)를 다스린다. 고름과 종기를 없애고 오장(五臟)의 풍기(風氣)를 고르게 한다. 이러한 증상을 다스리는 데는 희고 굵으며 신선한 더덕의 뿌리가 좋다.

『본초강목(本草綱目)』

음부(陰部)가 가려운 데는 더덕을 가루로 만들어 물에 타서 마신다.

『단방신편(單方新篇)』

독활(獨活)-독활

오갈피과
Aralia continentalis KITAGAWA.

뿌리

속명/토당귀(土當歸) ·
대활(大活) · 땅두릅 ·
인가목(人伽木) ·
주마근(走馬根) ·
분포지/전국의 깊은 산
숲 가장자리에 자생,
밭에다 재배도 한다.
높이/150㎝ 안팎
생육상/여러해살이풀
개화기/7~8월
꽃색/연한 녹색
결실기/9~10월
특징/전체에 짧은 털이
드문드문 있다. 땅에서
나오는 어린 순을 두릅과
같이 데쳐서 먹기 때문에
땅두릅이라 한다.
용도/식용 · 관상용 · 약용

효능

뿌리를 해열(解熱) · 강장(强壯) · 거담(祛痰) · 당뇨병(糖尿病) ·
위암(胃癌) 등의 약으로 쓴다.

민간 요법

흔히 중풍(中風)으로 입을 다물고 이(齒)를 꽉 깨물고 있는 환자에게는
독활의 말린 뿌리 10g, 계피 4g을 같은 양의 술과 물 약 0.2리터 정도에
넣고 그 반량이 될 때까지 달여서 이것을 소주잔으로 한 잔씩 먹이면
효과가 있다.『약초지식(藥草知識)』
어린순을 연하게 말린 것을 생으로 먹으면 강장제(强壯劑)가 되고
두통(頭痛) · 감기(感氣) · 류머티즘에도 효과가 있다.『식이요법(食餌療法)』

만삼(蔓參)-만삼

도라지과
Codonopsis pilosula (FR.) NANNF.

속명/당삼(當參) · 선초(仙草) · 태삼(台參) · 선초근(仙草根) ·
삼엽채(三葉菜) · 참더덕
분포지/중부 이북 지방의 깊은 산 숲속 그늘
높이/150cm 안팎
생육상/여러해살이풀
개화기/7~8월
꽃색/녹색빛 도는 흰색
결실기/10월
특징/전체에 털이 있고 줄기를 자르면 흰 유액(乳液)이 나온다.
뿌리가 땅속 깊이 길게 들어가며 10년 이상 된 것은 40~50cm 정도이다.
용도/식용 · 관상용 · 약용

효능

뿌리를 천식(喘息)·보폐(補肺)·경풍(驚風)·편도선염(扁桃腺炎)·
한열(寒熱)·인후염(咽喉炎)·거담(祛痰) 등의 약으로 쓴다.

민간 요법

약 8년 이상 된 만삼 뿌리(길이 30㎝ 정도)를 깨끗이 씻어 가늘게 썬다.
이것을 토종닭 1마리(남성은 암탉, 여성은 수탉)의 뱃속에 넣고
마늘, 밤, 호두, 은행을 각각 2알씩 넣는다. 참깨와 잣을 차스푼으로 둘,
찹쌀은 큰 스푼으로 둘을 넣고 적당히 물을 부은 후 토기(土器)에 끓인다.
이것을 만삼계탕(蔓蔘鷄湯)이라 하는데 특히 여인의 허약 체질이나
산전산후(産前産後)의 부인과 임신 중인 여인에게 더 없는 보양식(補養食)이
된다. 천식(喘息) 환자에게도 효과가 있으며 남자보다는 여자에게 더
효과가 크다. 『식이요법(食餌療法)』

려채(藜菜)-명아주

명아주과
Chenopodium album var. centrorubrum MAKINO.

216

속명/청려장(靑藜杖) ·
홍심려(紅心藜) ·
학정초(鶴頂草) · 는쟁이 ·
연지채(胭脂菜) · 려(藜) ·
능쟁이 · 붉은잎능쟁이
분포지/전국의 집 부근
텃밭이나 길가 빈터
높이/100㎝ 안팎
생육상/한해살이풀
개화기/6~8월
꽃색/노란빛이 도는 녹색
결실기/9~10월
특징/줄기에 녹색 줄이
있으며, 가을에 크면
줄기로 지팡이를 만든다.
용도/식용 · 약용

효능

풀 전체를 충독(蟲毒) · 개선(疥癬) · 백전풍(白澱風) · 건위(健胃) · 강장(强壯) 등의 약으로 쓴다.

민간 요법

천식(喘息)에는 명아주 풀 전체를 말려 물에 달여서 마시면 특효가 있다. 이 때 뿌리도 같이 썰어서 넣는다. 성인은 1일 20g 정도를 물 3홉에 넣고 달이되 반량이 될 때까지 졸여서 3회로 나누어 복용한다. 『약초지식(藥草知識)』

독충(毒蟲)에 물렸을 때에 생잎을 짓찧어 즙(汁)을 내어 바르면 해독(解毒)되고 또한 어루러기에 바르면 효과가 있다. 『묘약기방(妙藥奇方)』

흰명아주 *Chenopodium album var. spicatum* KOCH.

모든 점이 명아주와 같지만 가운데의 어린잎이 흰빛 도는 것이 다르다.

217

야현(野莧)-비름

비름과
Amaranthus mangostanus LINNE.

218

속명/현채(莧菜)·현(莧)·노소년(老少年)·참비름·비듬나물
분포지/남부·중부 지방의 집 근처 텃밭 등지
높이/100cm 안팎
생육상/한해살이풀
개화기/7~8월
꽃색/노란빛이 나는 녹색
결실기/9~10월
특징/굵은 가지가 뻗는다.
용도/식용·약용

효능

풀 전체 및 잎을 안질(眼疾)·창종(瘡腫)·이질(痢疾) 등의 약으로 쓴다.

눈비름

민간 요법

비름은 성질이 차고 맛이 달며 독은 없다. 청맹(靑盲)을 주치하며 눈을
밝게 한다. 아울러 사(邪)를 없애며 대소변(大小便)을 통리(通利)하고
충독(蟲毒)을 없애 준다.『본초비요(本草備要)』

비름은 간풍(肝風)과 객열(客熱)을 주치하며 기(氣)를 보하고 열을 없앤다.
비름의 종류가 몇 가지가 있는데 약용으로 쓰이는 것은 인현(人莧)과
백현(白莧)으로 이것은 같은 참비름이라 하였다. 적현(赤莧)은 줄기 및 잎이
모두 붉은빛이 돌며 이것은 적리(赤痢)와 혈리(血痢)를 다스린다.
이질(痢疾)에는 비름 4냥을 깨끗이 씻어 물에 진하게 달인 후 1회 한 공기씩
1일 4번에 걸쳐 마시면 특효가 있다.『식물요방(食物療方)』

눈비름 *Amaranthus deflexus* LINNE.

각지의 집 근처 텃밭 등지에 자라는 한해살이풀이다.
높이 10~30cm이고 밑에서 가지가 갈라지며
6~8월에 노란빛이 도는 꽃이 핀다.

개비름 *Amaranthus lividus* LINNE.

유럽 원산으로 각지의 길가에서 흔히 자라는
한해살이풀이다. 높이 30~80cm이고
전체에 털이 없으며 6~9월에 노란빛이 도는
녹색 꽃이 핀다.

양제근(羊蹄根)-소리쟁이

여뀌과
Rumex crispus LINNE.

220

속명/우설초(牛舌草) · 우설채(牛舌茱) · 양제대황(羊蹄大黃) · 소루장이 ·
토대황(土大黃) · 패독채(敗毒茱) · 양제초(羊蹄草) · 참소루쟁이 · 소로지
분포지/전국의 낮은 지대 길가의 도랑가 습기 있는 곳
높이/30~80cm
생육상/여러해살이풀
개화기/6~7월
꽃색/연한 녹색
결실기/8~9월
특징/원줄기는 곧게 자라고 녹색 바탕에 자줏빛이 돌며 뿌리가 비대(肥大)하다
용도/식용 · 약용

효능

뿌리를 살충(殺蟲) · 감충(疳蟲) · 해열(解熱) · 해해(解咳) · 어혈(瘀血) ·
건위(健胃) · 각기(脚氣) · 부종(浮腫) · 황달(黃疸) · 변비(便秘) · 통경(通經) ·
산후통(産後痛) · 피부병(皮膚病) 등의 약으로 쓴다.

221

민간 요법

변비(便秘)·치질(痔疾)에는 소리쟁이 뿌리 말린 것 20g 정도와
물 0.5리터를 붓고 전체의 3분의 2 정도까지 졸여 달인 것을
3회에 나누어 마신다. 또한 달인 즙(汁)으로 환부(患部)를 씻으면
효과가 있다. 『응중거방(應中擧方)』
산후(産後)의 변비(便秘)에도 달인 즙(汁)을 1일 3번씩 마시면 좋아지고
류머티즘에는 생즙(生汁)을 바르거나 파의 흰 뿌리와 섞어
환부(患部)에 바르면 효과가 있다. 『족본험방(足本驗方)』
생선 독(毒)에는 소리쟁이의 싹을 생으로 먹으면 좋아지고,
변통(便通)에도 그 효과가 뛰어나다. 『위생총록(衛生總錄)』

참소리쟁이 *Rumex japonicus* HOUTTYN.

전국의 들 습기 있는 곳에 자라는 여러해살이풀이다.
흰색의 뿌리가 땅속 깊이 들어가고 줄기에는
세로줄이 많다. 높이 40~100cm로 5~7월에
연한 녹색의 꽃이 피고 10월에 열매가 익는다.

대마인(大麻仁)-삼

뽕나무과
Cannabis sativa LINNE.

222

속명/화마인(火麻仁)·
마인(麻仁)·대마(大麻)·
화마(火麻)·황마(黃麻)·
마자(麻子)·마(麻)·
역삼씨·대마초
분포지/섬유 자원으로
재배한다.
중앙 아시아 원산
높이/100~250cm
생육상/한해살이풀
개화기/7~8월
꽃색/연한 녹색
결실기/10월
특징/원줄기는 둔하게
네모지며 잔털이 있고
줄기의 속 껍질은
삼베 옷감의 재료로 쓴다.
용도/공업용·약용

효능

씨를 구토(嘔吐) · 난산(難産) · 통유(通乳) · 회충(蛔蟲) · 변비(便秘) ·
이뇨(利尿) · 개선(疥癬) · 타박상(打撲傷) · 대하증(帶下症) · 안산(安産) ·
당뇨(糖尿) · 양모발(養毛髮) · 완하(緩下) · 진정(鎭靜) · 최면(催眠) ·
고미건위(苦味健胃) 등의 약으로 쓴다.

민간 요법

월경불통(月經不通)이 3개월 이상일 때에는 껍질을 벗긴 삼씨 2되와
복숭아씨 75g을 잘 으깨어 뜨거운 술(배갈이나 소주)에 담가 1일 정도
두었다가 이 술을 1일 3회 식사 전에 한 잔씩 복용하면 효과가 있다.
술을 마시지 못하는 사람은 뜨거운 물로 복용한다. 『동의보감(東醫寶鑑)』
위장 질환(胃腸疾患)과 각종 신경통(神經痛)에는 껍질 벗긴 삼씨와
검은 콩을 2대 1의 비율로 섞어 은근한 불에 볶아서 고운 가루로 만든다.
이 가루를 꿀에 개어 녹두알 정도의 환약(丸藥)을 만들어 1일 3회
뜨거운 물로 50개씩 계속 복용하면 기력을 돕고 대소변을 이롭게 하며
건강과 장수에 효과가 있다. 『본초비요(本草備要)』

료자(蓼子) – 여뀌

여뀌과
Persicaria hydropiper (L.) SPACH.

속명/료(蓼) · 청료(靑蓼) · 료화(蓼花) · 료초(蓼草) · 신채(辛菜) ·
어독초(魚毒草) · 역귀풀

분포지/전국의 낮은 지대 냇가 부근 등의 습기 있는 곳

높이/40～80cm

생육상/한해살이풀

개화기/6～9월

꽃색/연한 녹색

결실기/10월

특징/털이 없고 가지가 많이 갈라지며 대개는 모여서 군락을 이루고 자란다.

용도/식용 · 밀원용 · 약용

효능

줄기와 잎을 통경(通經) · 각기(脚氣) · 부종(浮腫) · 이뇨(利尿) ·
장염(腸炎) · 창종(瘡腫) 등의 약으로 쓴다.

민간 요법

여뀌는 사기(邪氣)를 없애고 눈을 밝게 하며, 수기(水氣)를 내리고
오장(五臟)의 막힌 기를 통해 준다. 그러나 많이 먹으면 물을 토하고
양기(陽氣)를 상하여 심통(心痛:심장내막염)을 일으킨다.
『본초비요(本草備要)』
여뀌의 잎은 대소장의 사기(邪氣)를 없애고 속을 편안하게 한다.
피로 회복에는 여뀌를 달여 마시면 매우 좋다. 『사후방(射後方)』
여뀌를 오랫동안 달여 마셨더니 중풍(中風)이 완치되었다는 속설에
의하여 더욱 유명해졌다. 『약용식물도해(藥用植物圖解)』

서미(黍米)-조

벼과
Setaria italica (L.) BEAUV.

속명/서(黍) · 량속(粱粟) · 곡자(谷子) · 곡(谷) · 속(粟) · 량(粱) · 좁쌀
분포지/옛부터 각지의 밭에 재배해 왔으며 원산지가 불분명한 식물이다.
높이/100～150cm
생육상/한해살이풀
개화기/8월
꽃색/노란빛이 도는 녹색
결실기/10월
특징/꽃잎이 없고 가지도 없으며, 포영(苞穎) 속에서 꽃밥만 나온다.
용도/식용 · 공업용

효능

씨를 민간에서 약으로 쓴다.

민간 요법

3~4년 이상 묵은 좁쌀로 미음을 만들어 환자 및 허약자(虛弱者)에게
먹이면 위(胃)의 열(熱)과 소갈(消渴)을 주치하고 소변을 이롭게 하며
이질(痢疾)에도 효과가 있다. 좁쌀과 인삼(人蔘)을 한데 넣고 끓여서
체에 받혀 낸 즙(汁)이 특히 효과가 있다. 『단방비방(單方秘方)』

좁쌀을 물속에 여러 날 담가 두었다가 맷돌에 갈아서 그대로 놓아두면
맑은 물이 위로 뜬다. 여름에 땀띠가 심할 때에는 이 물로 씻으면
즉시 효과가 있다. 『본초강목(本草綱目)』

천남성(天南星)-천남성

천남성과
Arisaema amurense var. serratum NAKAI.

228

열매

속명/호장초(虎掌草) ·
남성(南星) · 토여미 ·
천남생이
분포지/전국의 산 숲속
그늘
높이/15~30㎝
생육상/여러해살이풀
개화기/5~7월
꽃색/노란빛이 도는 녹색
결실기/10월
특징/땅속에 편평한
알 줄기(球莖)가 있고
주위에 작은 알 줄기가
2~3개 달린다.
윗부분에서 수염뿌리가
사방으로 퍼지고
원줄기는 녹색이지만
때로는 자주색의 반점이
있다. 유독성 식물
용도/약용

229

효능

알 줄기를 해수(咳嗽)·거담(祛痰)·상한(傷寒)·파상풍(破傷風)·
창종(瘡腫)·구토(嘔吐)·간경(癎驚)·진경(鎭痙) 등의 약으로 쓴다.

민간 요법

창종(瘡腫)에는 천남성의 알 줄기를 가루로 내어 식초에 개어서
환부(患部)에 여러 번 발라 주면 효과가 있다.『민간험방(民間驗方)』

섬천남성 *Arisaema negishii* MAKINO.

남부 다도해 섬 지방의 해안 숲속에 자라는
여러해살이풀로 유독성 식물이다.
높이 60㎝ 안팎이고 5~6월에 흰빛이 도는
녹색 꽃이 핀다.

넓은잎천남성 *Arisaema robustum* (ENGL.) NAKAI.

각지의 산 숲속 그늘지고 습기 있는 곳에서 자라는
유독성 식물이다. 높이 20~35㎝이고 잎이 넓으며
5~6월에 노란빛이 도는 녹색 꽃이 핀다.

대맥(大麥)-보리

벼과
Hordeum vulgare var. hexastichon ASCHERS.

속명/대맥자(大麥子) · 나맥(裸麥) · 겉보리 · 쌀보리
분포지/농가에서 재배한다. 중국 서남부 원산
높이/100cm 안팎
생육상/두해살이풀
개화기/4~5월
꽃색/녹색
결실기/6월
특징/원줄기는 둥글고 마디가 있으며 속은 비어 있고,
호영(護穎) 끝에 긴 까락이 있다.
용도/식용 · 공업용 · 약용

씨

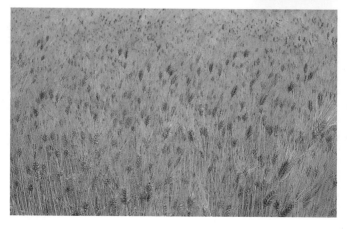

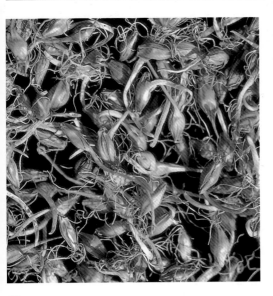

효능

맥아(麥芽)를 강장제(强壯劑)·각기병(脚氣病) 등의 약으로 쓴다.

민간 요법

황달병(黃疸病)으로 얼굴이 누렇게 되고 온몸까지 누렇게 뜬 사람은
맥아(麥芽:보리의 싹)를 많이 찧어서 즙(汁)을 만들어 1일 3회 한 잔씩
복용하면 좋아진다. 『남초방(南初方)』

쌀보리 *Hordeum vulgare var. nudum* HOOKER fil.

보리와 같으나 단 호영의 꺼럭이 짧거나 없으며
씨의 껍질이 잘 벗겨진다.

우슬(牛膝)-쇠무릎

비름과
Achyranthes japonica (MIQ.) NAKAI.

232

약재

속명/우슬초(牛膝草) ·
우경(牛莖) · 마청초 ·
홍우슬(紅牛膝) · 우실 ·
일본우슬(日本牛膝)
분포지/전국의 낮은
지대 길가 초원 및
집 부근의 언덕
높이/50~100cm
생육상/여러해살이풀
개화기/8~9월
꽃색/녹색
결실기/9~10월
특징/원줄기는 네모지고
가지가 많이 갈라진다.
원줄기의 마디가
튀어나온 것이 소의
무릎 뼈 같다 하여
쇠무릎이라 한다.
용도/식용 · 약용

233

효능

뿌리를 각기(脚氣)·정혈(淨血)·보익(補益)·관절염(關節炎)·
통풍(通風)·이뇨(利尿)·신경통(神經痛)·통경(痛經)·담혈(痰血)·
강정(強精)·두통(頭痛) 등의 약으로 쓴다.

민간 요법

유선염(乳腺炎)에는 쇠무릎의 잎과 뿌리를 잘 달여서 시럽 상태로
만든 다음 이것을 헝겊에 적셔 바르면 효과가 있다. 『민간험방(民間驗方)』
우슬주(牛膝酒)는 신경통(神經痛)에 특효약이며, 난소의 분비 기능을
감퇴시키는 작용이 있어 타태(墮胎) 및 유산(流產)에 부작용 없이
잘 듣는다. 『약초의 지식(藥草의 知識)』

범부채

붉은색

우방근(牛芳根)-우엉

국화과
Arctium lappa LINNE.

씨

속명/우방자(牛芳子) ·
악실(惡實) · 우자(牛子) ·
대력자(大力子) ·
흑풍자(黑風子) ·
우채(牛菜) · 우웡
분포지/각지에서 흔히
재배한다. 인도 원산
높이/150cm 안팎
생육상/두해살이풀
개화기/7~8월
꽃색/검은빛이 도는
자주색
결실기/9월
특징/땅속의 뿌리는
길이 30~60cm 정도로
곧게 들어가며, 잎이
특히 넓고 잎자루도 굵다.
용도/식용 · 약용

효능

뿌리와 씨를 관절염(關節炎) · 해독(解毒) · 풍열(風熱) · 이뇨(利尿) ·
중풍(中風) · 각기(脚氣) · 발한(發汗) · 인후통(咽喉痛) · 독충(毒蟲)
등의 약으로 쓴다.

민간 요법

맹장염(盲腸炎)에는 별꽃의 생풀 한줌과 잘게 썬은 우엉 뿌리를
잔에 가득 담아 토기에 넣은 후 물 1.6리터를 붓고 약한 불로 그 반량이
되도록 달인다. 이것을 가능한 한 많이 마시는 것이 좋다. 때로는
단 1회 먹는 것으로 통증이 멎는 경우도 있으며, 변통(便痛)에도 좋다.
『민간험방(民間驗方)』

지유근(地楡根)-오이풀

장미과
Sanguisorba officinalis LINNE.

238

약재

속명/지유자(地楡子)·
지유(地楡)·지아(地芽)·
산홍조(山紅棗)·
외순나물·외나물
분포지/전국의 산과 들
초원
높이/30~150cm
생육상/여러해살이풀
개화기/7~9월
꽃색/검은빛이 도는
붉은색
결실기/10월
특징/원줄기는 곧게
자라며 윗부분에서
가지가 갈라진다.
뿌리 줄기(根莖)는
옆으로 갈라져서
자라며 굵어진다.
용도/식용·관상용·약용

효능

뿌리를 지혈(止血)·토혈(吐血)·월경과다(月經過多)·수렴(收斂)·
하리(下痢)·산후복통(産後腹痛)·습진(濕疹)·창종(瘡腫)·동상(凍傷)·
충독(蟲毒)·대하(帶下)·누혈(漏血) 등의 약으로 쓴다.

민간 요법

설사(泄瀉)와 복통(腹痛)에는 오이풀의 새싹을 따서 그늘에서
말려 둔 것 1~2돈을 1홉의 물로 달여서 복용하면 효과가 있으며,
지혈(止血)의 명약으로 쓴다고 하였다. 『본초연의(本草衍義)』

백모(白茅)-띠

벼과
Imperata cylindrica var. koenigii
(RETZ.) DURAND et SCHINZ.

속명/모근(茅根) · 백모근(白茅根) · 황모(黃茅) · 황모초(黃茅草) ·
모침(茅針) · 백모근(白茅根) · 모초(茅草) · 삐비
분포지/전국의 산과 들 양지 바른 초원
높이/30~80㎝
생육상/여러해살이풀
개화기/5월
꽃색/갈색
결실기/6월
특징/흰색의 뿌리 줄기(根莖)가 땅속 깊이 뻗는다.
투명하고 마디가 많은데 마디에는 털이 있다.
용도/식용 · 약용

효능

뿌리 줄기를 이뇨(利尿) · 신장염(腎臟炎) · 부종(浮腫) · 수종(水腫) ·
보익(補益) · 해열(解熱) · 구토(嘔吐) · 주독(酒毒) · 청혈(淸血) ·
소염(消炎) · 월경불순(月經不順) · 지혈(止血) · 피부염(皮膚炎) ·
황달(黃疸) · 고혈압(高血壓) · 방광염(膀胱炎) 등의 약으로 쓴다.

민간 요법

임질(淋疾)로 소변이 붉어질 때라든가 소변이 나올 듯하며 아플 때에는
띠를 팥과 함께 달여 마시면 효과가 있다. 『본초비요(本草備要)』
어린이의 심한 짜증에는 띠의 꽃이삭을 달여 마시게 하면 효과가 있다.
『다산방(茶山方)』
띠의 뿌리 비늘잎(鱗片)과 잔뿌리를 제거하고 말려서 1일 8~12g을
물 0.36리터에 달여 약 0.27리터가 되도록 졸인다. 이것을 수시로
차(茶) 대용으로 마시면 이뇨(利尿) · 소염(消炎) · 정혈제(精血劑)가 되며,
토혈(吐血) · 코피 멈추게 하는 데 · 월경불순(月經不順) · 임질(淋疾) ·
부종(浮腫) · 천식(喘息) · 당뇨병(糖尿病) · 방광염(膀胱炎) · 황달(黃疸) ·
감기(感氣) · 복통(腹痛) · 백일해(百日咳) 등에 효과가 있다.
『약초지식(藥草知識)』

석산(石蒜)- 꽃무릇

수선화과
Lycoris radiata HERB.

속명/야산(野蒜) · 노아산(老鴉蒜) · 산오독(山烏毒) · 오독(烏毒) ·
우팔화(又八花) · 산두초(蒜頭草) · 용과화(龍瓜花) · 붉은잎상사화 ·
붉은상사화
분포지/남부 지방 산사(山寺) 부근의 숲속 그늘
높이/30cm 안팎
생육상/여러해살이풀
개화기/9월
꽃색/붉은색
결실기/10월
특징/9월에 꽃이 피고 꽃이 진 다음 10월에 새잎이 돋아나와
여름에 잎이 말라 없어지고 다시 가을에 꽃대만 나와 꽃이 핀다.
유독성 식물
용도/관상용 · 약용

효능
비늘 줄기(鱗莖)를 거담(祛痰)·토혈(吐血)·창종(瘡腫)·적리(赤痢)·
급만성 기관지염(急慢性氣管支炎)·폐결핵(肺結核)·백일해(百日咳)·
해열(解熱)·구토(嘔吐) 등의 약으로 쓴다.

민간 요법
꽃무릇의 신선한 비늘 줄기를 잘 으깬다. 이것을 창호지 같은 종이에 펼쳐
종기(腫氣)·백선(白癬) 같은 피부병(皮膚病)이나 기생충(寄生蟲)이 있는
곳에 바르면 효과가 있다. 『단방비요(單方秘要)』
거담제(祛痰劑)로 사용할 때에는 1일분으로 생뿌리 0.3g을 물 0.18리터로
달여 복용한다. 그러나 민간에서 약으로 쓰기에는 독성(毒性)이 너무
강한 풀이다. 『집간방(集簡方)』

사간(射干)—범부채

붓꽃과
Belamcanda chinensis (L.) DC.

244

열매

속명/호선초(虎扇草) ·
편죽란(扁竹蘭) ·
산포선(山蒲扇) ·
금호접(金蝴蝶) · 사간화
분포지/전국의 산
초원에 자라고,
관상초로 흔히 심는다.
높이/50~100cm
생육상/여러해살이풀
개화기/7~8월
꽃색/노란빛이 나는
붉은색
결실기/10월
특징/뿌리 줄기(根莖)가
옆으로 뻗으며, 꽃에
호랑무늬 반점이 있어
범부채라 한다.
용도/관상용 · 약용

효능

뿌리 줄기를 소염(消炎)·진해(鎭咳)·편도선염(扁桃腺炎)·

진통(鎭痛)·폐염(肺炎)·해열(解熱)·각기(脚氣)·아통(牙痛)·

진경(鎭痙)·완화(緩和) 등의 약으로 쓴다.

민간 요법

안질(眼疾)에는 말린 씨를 한 번에 한 알씩 달여 그 즙(汁)으로

눈을 씻거나 씨를 먹으면 낫는다. 『민간약초(民間藥草)』

뿌리 줄기 또는 줄기 말린 것을 1일 10g 정도 달여서 마시거나

입을 세척하면 목구멍 부은 데·편도선염(扁桃腺炎) 등에 효과가 있다.

『위생총록(衛生總錄)』

금선초(金線草)-이삭여뀌

여뀌과
Persicaria filiforme NAKAI.

246

속명/적료(赤蓼) ·
모료(毛蓼) · 이삭역귀
분포지/전국의 산과 들
낮은 곳의 숲 가장자리
및 산골짜기 냇가 등
높이/50~80cm
생육상/여러해살이풀
개화기/7~8월
꽃색/붉은색
결실기/10월
특징/마디가 굵으며
전체에 긴 털이 있다.
꽃은 작고 이삭같이
달린다.
용도/식용 · 밀원용 · 약용

효능

풀 전체를 민간에서 약으로 쓴다.

민간 요법

신장병(腎臟病)에는 이삭여뀌의 줄기를 그늘에 말려 잘게 썬 다음
한줌(약 12돈)을 물 2~3홉에 넣고 차(茶)의 농도와 같이 될 때까지 달여
하루에 여러 번 나누어 차 대용으로 계속 마시면 효과가 있다.
되도록이면 그 날 끓인 것은 그 날 다 먹고 이튿날은 다시 새것으로
끓여야 한다. 『다산방(茶山方)』

홍화(紅花)-잇꽃

국화과
Carthamus tinctorius LINNE.

속명/홍람화(紅藍花) ·
연지화(臙脂花) ·
약홍화(藥紅花) ·
황람(黃藍) · 잇
분포지/염료 및
약용으로 재배한다.
이집트 원산
높이/100cm 안팎
생육상/두해살이풀
개화기/7~8월
꽃색/붉은빛이 도는
노란색
결실기/10월
특징/전체에 털이 없고
잎의 톱니 끝이 가시가
된다.
용도/관상용 · 공업용 ·
약용

효능

꽃을 통경(通經) · 어혈(瘀血) · 지혈(止血) · 해산촉진(解産促進) ·
부인병(婦人病) 등의 약으로 쓴다.

민간 요법

잇꽃은 술에 담갔다가 복용하고 1일 10g을 달여 마시며, 약용은
되도록 신선한 것을 쓰는 것이 좋다. 『약용식물사전(藥用植物事典)』
잇꽃의 씨는 부스럼을 다스리며 종기(腫氣)에는 잇꽃의 새싹을 짓찧어
붙이면 효과가 있다. 산후(産後)의 혈운(血暈:자궁 내에 피가 남아
복통이 있는 증상) 및 태아가 자궁에서 죽은 것을 다스린다. 잇꽃은
약에 넣어도 두 푼 이상은 금한다고 하였으며, 많이 쓰면 피를 파괴하고
적게 쓰면 피를 기른다. 『본초강목(本草綱目)』

작약근(芍藥根)-작약

미나리아재비과
Paeonia lactiflora var. hortensis MAKINO.

속명/적작약(赤芍藥) · 도지(刀枝) · 적작(赤芍) · 홍약(紅藥) ·
백약(白藥) · 함박꽃
분포지/흔히 밭에서 재배한다. 중국 원산
높이/50~80cm
생육상/여러해살이풀
개화기/5~6월
꽃색/붉은색, 흰색
결실기/9월
특징/뿌리가 방추형(方錐形)으로 굵다.
용도/관상용 · 약용

새싹

251

효능

뿌리를 부인병(婦人病) · 복통(腹痛) · 진경(鎭痙) · 두통(頭痛) ·
해열(解熱) · 지혈(止血) · 창종(瘡腫) · 대하(帶下) · 진통(鎭痛) ·
객혈(喀血) · 금창(金瘡) · 하리(下痢) · 이뇨(利尿) · 혈림(血淋)
등의 약으로 쓴다.

민간 요법

설사(泄瀉) · 복통(腹痛)이 심할 때에는 작약 뿌리 5돈과 감초 2돈을
물 2홉에 넣고 그 반량이 될 때까지 달여 적당히 나누어 복용하면 좋다.
『본초연의(本草衍義)』
작약은 독이 강한 식물이므로 함부로 사용해서는 안 되며 반드시
전문의에게 처방하여 써야 한다.

백작약 *Paeonia japonica* MIYABE et TAKEDA.

각지의 깊은 산 숲속에 자라는 여러해살이풀이다.
독이 있는 식물로 높이 40~50cm이고
뿌리는 굵으며 6월에 흰색 꽃이 핀다.

료람(蓼藍)-쪽

여뀌과
Persicaria tinctoria H. GROSS.

252

속명/람엽(藍葉) · 람실(藍實) · 전초(靛草) · 람(藍) · 대청엽(大靑葉) · 쪽풀
분포지/흔히 밭에서 재배한다. 중국 원산
높이/50~60cm
생육상/한해살이풀
개화기/8~9월
꽃색/붉은색
결실기/10월
특징/원줄기가 붉은빛이 도는 자주색으로 잎과 줄기를
남색(藍色) 염료로 쓴다.
용도/공업용 · 밀원용 · 약용

효능

뿌리, 잎, 줄기, 열매를 해독(解毒)·해열(解熱)·충독(蟲毒) 등의
약으로 쓴다.

민간 요법

벌 등 독충(毒蟲)에 쏘인 데에는 쪽의 잎을 따서 짓찧어 즙(汁)을 내어
바르면 효과가 있다. 늑막염(肋膜炎)에는 쪽의 줄기 말린 것 한줌을
적당한 양의 물로 검은빛이 나도록 다려서 1일 3회씩 차(茶) 대용으로
복용하면 효과가 있다. 『약초지식(藥草知識)』

홍초(紅草)-털여뀌

여뀌과
Persicaria cochinchinensis KITAGAWA.

254

속명/료실(蓼實) ·
마료(馬蓼) · 노인장대 ·
홍료(紅蓼) · 말여뀌 ·
료자(蓼子) · 말번디 ·
턱역귀
분포지/전국의 집 근처
빈터 등지에 자라고,
흔히 관상초로 심는다.
높이/100~200cm
생육상/한해살이풀
개화기/7~8월
꽃색/붉은색
결실기/10월
특징/전체에 털이 많이
나 있으며, 잎이 유난히
크고 줄기도 굵다.
용도/식용 · 관상용 · 약용

효능

줄기와 잎, 씨를 통경(通經) 등의 약으로 쓴다.

민간 요법

꽃이 필 무렵에 채집하여 그늘에 말려 두고 1일 6~10g 정도씩
적당한 양의 물에 달여 복용하면 산기(疝氣) · 해열(解熱) · 말라리아 ·
소갈(消渴) · 임질(淋疾) 등에 효과가 있다. 『민간약초(民間藥草)』

털여뀌의 잎을 짓찧어서 짜낸 즙(汁)을 살갗이 헌 데 또는 농사일로
비료를 만져서 손이 헌 데 및 벌레 물린 데 등에 바르면 효과가 있다.
『집간방(集簡方)』

경천초(景天草)-꿩의비름

돌나물과
Sedum erythrostichum MIQ.

속명/신화초(愼火草) ·
경천(景天) · 신화(愼火) ·
대엽경천(對葉景天) ·
집웅지기 · 꿩비름
분포지/남부 · 중부 ·
북부 지방의 산
양지 바른 곳
높이/30~90cm
생육상/여러해살이풀
개화기/8~9월
꽃색/연한 붉은색
결실기/10월
특징/식물 전체가
육질(肉質)이고
잎이 두껍다.
분백색(粉白色)의
원줄기는 둥글며
곧게 자란다.
용도/관상용 · 약용

효능

풀 전체 또는 잎을 강장(強壯) · 선혈(鮮血) · 대하증(帶下症) ·
단독(丹毒) · 종기(腫氣) 등의 약으로 쓴다.

민간 요법

부스럼이나 땀띠 · 종기(腫氣) 등에는 꿩의비름의 신선한 잎을 따서
겉 껍질을 벗겨 내고 부드럽게 해서 즙액(汁液)이 잘 나오도록 한 후
환부(患部)에 붙이면 효과가 있다. 『건강약초(健康藥草)』

계관화(鷄冠花)-맨드라미

비름과
Celosia cristata LINNE.

258

속명/계관자(鷄冠子) ·
계두화(鷄頭花) ·
홍계두화(紅鷄頭花) ·
잡견화(雜見花) ·
맨드래미
분포지/관상용으로
흔히 심는다.
열대 아시아 원산
높이/90cm 안팎
생육상/한해살이풀
개화기/7~9월
꽃색/붉은색, 노란색,
흰색
결실기/10월
특징/곧게 자라고
줄기는 대개 붉은 빛이
돈다. 꽃의 모양이
숫닭의 벼슬 같다 하여
계관화라 한다.
용도/관상용 · 공업용 ·
약용

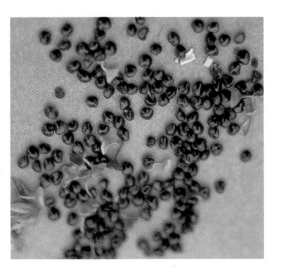

효능

꽃과 씨를 토혈(吐血) · 요혈(尿血) · 탈항(脫肛) · 조경(調經) ·
해해(解咳) · 하리(下痢) · 구토(嘔吐) · 거담(祛痰) · 개선(疥癬) ·
대하증(帶下症) · 자궁염(子宮炎) · 적백리(赤白痢) · 설사(泄瀉) ·
치루하혈(痔漏下血) · 지사(止瀉) 등의 약으로 쓴다.

민간 요법

치질의 출혈(出血)과 오래된 월경(月經) · 적리(赤痢) · 하혈(下血) ·
백대하(白帶下) · 자궁염(子宮炎) 등은 맨드라미의 꽃 말린 것 한줌과
물 0.4리터를 섞어 그 반량이 되도록 달여 1일 3회씩 식간(食間)에
복용하면 효과가 있다. 『약초지식(藥草知識)』
꽃을 달인 즙(汁)으로 치질(痔疾) 부위를 씻으면 효과가 좋다.
『민간험방(民間驗方)』

선화(旋花)-메꽃

메꽃과
Calystegia japonica (THUNB.) CHOIS.

속명/미초(美草)·곤지연(串枝蓮)·일본타완화(日本打碗花)·메
분포지/전국의 낮은 지대 냇가 뚝이나 길가의 뚝
높이/길이 2m 안팎
생육상/여러해살이풀
개화기/6~8월
꽃색/연한 붉은색
결실기/9월
특징/흰색의 땅속 줄기(地下莖)가 사방으로 길게 뻗고
군데군데에서 새순이 돋아나와 엉키며 자란다. 덩굴성 식물
용도/식용·약용

효능
풀 전체를 중풍(中風)·천식(喘息)·이뇨(利尿)·감기(感氣) 등의
약으로 쓴다.

민간 요법

부인(婦人)의 불감증(不感症) · 방광염(膀胱炎) · 당뇨병(糖尿病) ·
정력감퇴(精力減退) 및 이뇨(利尿)에는 메꽃의 풀 전체를 1일분으로
약 15g 정도를 달여서 복용한다. 또한 신장의 부종(浮腫)에는 뿌리를 말려
1일 10g 정도를 달여서 복용한다. 『약초의 지식(藥草의 知識)』

메꽃은 기(氣)를 늘리고 얼굴의 주름을 없애며 얼굴색을 좋게 한다. 뿌리는
쪄서 먹으면 맛이 감미롭다. 복중의 한열(寒熱)과 사기(邪氣)를 다스리고
근골(筋骨)을 굳게 하고 부스럼을 아물게 한다. 『본초강목(本草綱目)』

애기메꽃 *Calystegia hederacea* WALL.

전국의 들에 자라는 여러해살이 덩굴 식물이다.
길이 ?m 안팎으로 풀잎이 화살 모양이며
6~8월에 연한 홍색 꽃이 핀다.

급성자(急性子)-봉선화

봉선화과
Impatiens balsamina LINNE.

속명/금봉화(金鳳花)·
봉선(鳳仙)·봉숭아·
지갑초(指甲草)·
소홍도(小紅桃)
분포지/흔히 관상초로
심는다. 말레이시아와
인도 및 중국 원산
높이/60cm 안팎
생육상/한해살이풀
개화기/7~9월
꽃색/붉은색, 붉은빛이
도는 자주색, 흰색
결실기/9~10월
특징/털이 없고
육질(肉質)이며
열매가 익으면
탄력 있게 터진다.
용도/관상용·공업용·
약용

효능

씨와 잎을 요흉통(腰胸痛)·소화(消化)·타박상(打撲傷)·사독(蛇毒)·
안산(安産)·오식(誤食)·해독(解毒)·난산(難産) 등의 약으로 쓴다.

민간 요법

독충(毒蟲) 및 사독(蛇毒)을 풀어 주는 데는 봉선화 잎의 즙(汁)을
바르거나 씨를 가루로 만들어 상처에 바르면 효과가 있다.

『약초지식(藥草知識)』

충위자(茺蔚子)-익모초

꿀풀과
Leonurus sibiricus LINNE.

약재

속명/충위(茺蔚)·
곤초(坤草)·암눈비앗·
사릉초(四稜草)·
홍화애(紅花艾)·
익모호(益母蒿)
분포지/전국의 낮은
지대 집 부근의 빈터나
길가 초원
높이/150cm 안팎
생육상/두해살이풀
개화기/7~8월
꽃색/연한 붉은빛
도는 자주색
결실기/10월
특징/줄기는 둔한
네모가 지고 흰털이
있으며 가지가 갈라진다.
용도/밀원용·약용

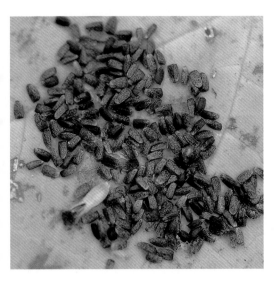

265

효능

풀 전체 및 씨를 사독(蛇毒) · 지혈(止血) · 자궁수축(子宮收縮) ·
결핵(結核) · 부종(浮腫) · 만성 맹장염(慢性盲腸炎) · 유방염(乳房炎) ·
대하증(帶下症) · 창종(瘡腫) · 이뇨(利尿) · 자궁출혈(子宮出血) ·
신염(腎炎) · 단독(丹毒) · 명안(明眼) · 산전산후 지혈(産前産後止血)
등의 약으로 쓴다.

민간 요법

꽃이 필 무렵 익모초 풀 전체를 채집하여 그늘에 말려 두고 1회량 5g 안팎을
물 0.6리터에 넣고 그 반량으로 될 때까지 달인다. 이것을 1회 내지 3회 또는
여러 차례 나누어 마시면 부인의 산후 지혈(産後止血) 및 보정(補精) 등에
효과가 있다. 또한 월경(月經)을 수월하게 하고 월경이 오랫동안 멎지 않는
데에도 신비할 정도의 효과가 있다. 대개 부인병에 효과가 있기 때문에
익모초(益母草)라 한다. 『약초의 지식(藥草의 知識)』

연실(蓮實)—연

수련과
Nelumbo nucifera GAERTNER.

연자육

속명/연근(蓮根)·
연육(蓮肉)·하(荷)·
연화(蓮花)·연자(蓮子)·
불좌수(佛座鬚)·연밥·
연예(蓮蘂)·연꽃
분포지/연못에 재배한다.
인도 원산
높이/100cm 안팎
생육상/여러해살이풀
개화기/7~8월
꽃색/연한 붉은색, 흰색
결실기/10월
특징/뿌리가 옆으로
길게 뻗으며 마디가
많이 생기고 끝이
굵어진다.
용도/식용·관상용·약용

효능

뿌리와 씨의 살을 지혈(止血)·지사(止瀉)·변혈(便血)·장치(腸痔)·
탈항(脫肛)·대하(帶下)·신장염(腎臟炎)·지갈(止渴)·진통(鎭痛)·
주독(酒毒)·보익(補益)·어혈(瘀血)·해열(解熱)·폐염(肺炎)·
해수(咳嗽)·야뇨(夜尿)·양정신(養精神)·근골(筋骨)·최토(催吐)·
신경쇠약(神經衰弱)·건위(健胃)·임질(淋疾)·요통(腰痛)·안태(安胎)·
안산(安産)·부인병(婦人病)·강장(强壯) 등의 약으로 쓴다.

민간 요법

게를 먹고 생기는 중독(中毒)·주독(酒毒)·장 카다르에 의한
설사(泄瀉)를 멎게 하는 데에는 연 뿌리를 강판에 갈아서 짜낸 즙(汁)을
마시면 효과가 있다. 코피 또는 코가 막힌 데에는 그 즙을 코에 떨어뜨리면
효과가 있다.『민간험방(民間驗方)』
연 잎을 말려 가루로 만들어 쌀과 같이 죽을 만들어 먹으면 정력(精力)을
증진시키고 원기를 회복시킨다. 연꽃도 잎과 같은 효과가 있으며,
흰색의 꽃잎은 유방의 종기(腫氣)에 효과가 있다.『집간방(集簡方)』

작상(爵狀)-쥐꼬리망초

쥐꼬리망초과
Justicia procumbens LINNE.

268

속명/작상(爵狀) ·
호자초(互子草) ·
서미홍(鼠尾紅) ·
소청(小青) · 망초 ·
쥐꼬리망풀
분포지/전국의 산과 들
대개는 낮은 곳의 길가
초원이나 집 근처 빈터
높이/30cm 안팎
생육상/한해살이풀
개화기/7~9월
꽃색/연한 붉은빛이
도는 자주색
결실기/9~10월
특징/마디가 굵고
원줄기는 네모지며
가지가 갈라지고,
꽃은 아주 작은 편이다.
용도/식용 · 밀원용 · 약용

효능

풀 전체를 류머티즘 등의 약으로 쓴다.

민간 요법

신경통(神經痛) 및 류머티즘에는 쥐꼬리망초의 줄기와 잎으로
생즙(生汁)을 내어 환부(患部)에 바르면 통증을 멎게 하는 효과가 있다.
또한 풀 전체를 넣고 끓인 물에 목욕을 해도 같은 효과가 있다.
『향토의학(鄕土醫學)』

생잎의 즙(汁) 또는 말린 것을 달인 즙을 마시면 모든 풍혈을 고친다.
『경험양방(經驗良方)』

컴프리-컴프리

지치과
Symphytum officinale LINNE.

속명/러시안 컴프리 · 캄프리
분포지/재배하였으나 점차 야생상으로 퍼져 나가 자란다. 유럽 원산
높이/60~90cm
생육상/여러해살이풀
개화기/6~9월
꽃색/연한 붉은색, 흰색
결실기/8~10월
특징/잎이 크며 전체에 가는 털이 있고
포기가 무성하게 자란다.
용도/식용 · 관상용 · 약용

새잎

271

효능

풀 전체 및 뿌리를 보익(補益) · 고혈압(高血壓) · 진정(鎭靜) 등의
약으로 쓴다.

민간 요법

컴프리의 뿌리를 정제 분말로 만들어 복용했더니 수주일 동안의
발기부전(勃起不全)이 회복되고 성적 능력이 증가되었다고 한다.
컴프리의 분말을 1개월 가량 차(茶) 대용으로 복용하면
피로 회복은 물론 식욕 증진에 큰 효과가 있다. 『민간약초(民間藥草)』

하고초(夏枯草)-꿀풀

꿀풀과
Prunella vulgaris var. lilacina NAKAI.

272

속명/하고두(夏枯頭)·
하고구(夏枯球)·
오공초두(蜈蚣草頭)·
양호초(羊胡草)·
내동초(乃東草)·
철색초(鐵色草)·
가지골나물 · 꿀방망이
분포지/전국의 산과 들
양지 바른 초원이나 길가
높이/20~30cm
생육상/여러해살이풀
개화기/5~7월
꽃색/붉은빛이 도는
자주색
결실기/6~8월
특징/원줄기는 네모지고
전체에 흰털이 있다.
여름에 꽃이 피고
꽃대가 죽는다 하여
하고초라 한다.
용도/식용 · 관상용 ·
밀원용 · 약용

효능

성숙한 풀 전체 또는 꽃이삭을 강장(强壯) · 고혈압(高血壓) ·
자궁염(子宮炎) · 이뇨(利尿) · 안질(眼疾) · 갑상선종(甲狀腺腫) ·
임질(淋疾) · 나력(瘰癧) · 두창(頭瘡) · 해열(解熱) · 연주창(連珠瘡)
등의 약으로 쓴다.

민간 요법

눈병에는 하고초를 적당히 달여서 마시거나 달인 즙(汁)으로 눈을
씻으면 효과가 있다. 『본초학(本草學)』

임질(淋疾)에는 하고초 20g에 물 0.7리터를 붓고 그 반량이 될 때까지
달여서 이것을 1일분으로 하여 매 식후(食後)에 마시면 효과가 있고,
하고초와 결명자 20g씩을 함께 달여 마시면 더욱 효과가 있다.

하고초는 약간 쓴맛이 있는데 나력(瘰癧) · 산결(散結) · 습비(濕痺) 등을
치료하는데 특효약이다. 자궁병(子宮病) · 월경불순(月經不順) · 이뇨(利尿) ·
눈병 등에도 효과가 있고 결핵성(結核性) 질환에도 뛰어난 효과가 있다.

『본초학(本草學)』

선황연(鮮黃蓮) - 깽깽이풀

매자나무과
Jeffersonia dubia BENTH.

274

속명/조황연(朝黃蓮) ·
상황련(常黃蓮) ·
당황련(唐黃蓮) ·
토황연(土黃蓮) ·
모황련(毛黃蓮) ·
양호이초(洋虎耳草) ·
조선황연(朝鮮黃蓮) ·
황연(黃蓮) · 천연
분포지/남부 · 중부 ·
북부 지방의 산골짜기
낮은 곳
높이/25cm 안팎
생육상/여러해살이풀
개화기/4~5월
꽃색/붉은빛이 도는
자주색
결실기/7월
특징/원줄기는 없고
뿌리 줄기(根莖)에서
여러 개의 잎이 나온다.
잎이 연잎을 축소한
모양 같아 황연이라
한다.
용도/관상용 · 약용

효능

뿌리 줄기를 이뇨(利尿) · 하리(下痢) · 당뇨(糖尿) · 임질(淋疾) ·
건위(健胃) 등의 약으로 쓴다.

민간 요법

복통(腹痛)과 설사(泄瀉)에 깽깽이풀 뿌리 1~2돈을 물 2홉에 넣고
그 반이 될 때까지 달여서 1일 3번씩 식후(食後)에 데워서 복용하면
효과가 있다. 원래 위장(胃腸)이 약한 사람도 평상시 복용하면
위장이 튼튼해지는 효과가 있다. 『단방요법(單方療法)』

견우자(牽牛子)-나팔꽃

메꽃과
Pharbitis nil CHOIS.

속명/흑축(黑丑) · 백축(白丑) · 견우화(牽牛花) · 조안화(朝顔花) ·
라팔화(喇叭花) · 조일화(朝日花) · 이축(二軸) · 흑백축(黑白丑)
분포지/관상용으로 흔히 심는다. 아시아 원산
높이/길이 3m 안팎
생육상/한해살이풀
개화기/7~9월
꽃색/붉은빛이 도는 자주색, 흰색, 붉은색
결실기/10월

씨

특징/줄기에 밑을 향한 털이 있고 원줄기는
덩굴성으로 왼쪽으로 감으면서 올라간다.

씨를 흑축 · 백축 · 견우자라 한다.
용도/관상용 · 약용

효능

씨를 부종(浮腫) · 사하(瀉下) · 수종(水腫) · 이뇨(利尿) · 낙태(落胎) ·
요통(腰痛) · 각기(脚氣) · 야맹증(夜盲症) · 풍종(風腫) · 태독(胎毒) 등의
약으로 쓴다.

민간 요법

독충(毒蟲 : 벌레 물린 데)에도 나팔꽃의 잎 5~6장을 짓찧어 즙(汁)을 짜서
환부(患部)에 바르면 효과가 있으며, 이 위에 나팔꽃 잎 한 장을 덮고
붕대를 감아 두면 빠른 시간에 통증(痛症)이 가라앉는다. 『경험양방(經驗良方)』

현초(玄草)-이질풀

쥐손이풀과
Geranium nepalense subsp. thunbergii
(S. et Z.) HARA.

278

속명/이질초(痢疾草) · 서장초(鼠掌草) · 현지초(玄之草) · 광지풀
분포지/전국의 산과 들 대개는 길가 초원 및 집 근처의 숲 가장자리
높이/50cm 안팎
생육상/여러해살이풀
개화기/8~9월
꽃색/붉은빛이 나는 자주색, 연한 붉은색
결실기/10월
특징/땅위로 비스듬히 기어가며 자라고,
땅속의 뿌리는 여러 개로 갈라진다.
이질병에 특효가 있는 데서 이질풀이라 한다.
용도/약용

열매

279

효능

풀 전체를 적리(赤痢) · 역리(疫痢) · 변비(便秘) · 위궤양(胃潰瘍) ·
위장병(胃腸病) · 대하증(帶下症) · 피부병(皮膚病) · 통경(痛經) ·
지이(止痢) · 방광염(膀胱炎) · 지사(止瀉) 등의 약으로 쓴다.

민간 요법

위장이 약한 사람은 이질풀을 차(茶) 대용으로 마시면 튼튼해지고
변비(便秘)가 있는 사람도 보통 사람들과 같이 변통(便通)이 된다.
『다산방(茶山方)』

간장이 약한 사람은 주전자에 물을 8푼쯤 채우고 결명자(決明子)를
커피 스푼으로 3~4스푼 넣고 이질풀 말린 것을 약간 넣은 후 달여서
장복하면 좋아진다. 『집간방(集簡方)』

부인병(婦人病)으로 고민하는 여성도 이질풀을 장복하면 좋아지는
경우가 많고, 지금까지 임신하지 않았던 여성이 갑자기 임신하는
예도 간혹 있다. 『경험방(經驗方)』

옥촉서(玉蜀黍)-옥수수

벼과
Zea mays LINNE.

280

속명/옥고량(玉高粱) ·
옥미(玉米) · 강냉이 ·
옥서(玉黍) · 옥데기 ·
번맥(番麥) · 옥식이
분포지/중요한 작물로
밭에 재배한다.
열대 아메리카 원산
높이/1~3m
생육상/한해살이풀
개화기/6~8월
꽃색/암술대는
붉은 빛을 띤 갈색,
수꽃은 연한 노란색
결실기/7~9월
특징/곧게 자란다.
용도/식용 · 공업용 · 약용

효능

암술대를 이뇨(利尿)·통경(痛經)·부종(浮腫) 등의 약으로 쓴다.

민간 요법

하루에 옥수수 1개씩으로 죽을 쑤어 먹으면 신장(腎臟)을 보호하는 데 좋다. 또한 신장병(腎臟病)을 다스리고 수종(水腫)을 없애는 데 효과가 있다. 『응중거방(應中擧方)』

옥수수의 수염은 예부터 이뇨제(利尿劑)로 널리 쓰였고 부종(浮腫)에는 달여서 복용하면 특효가 있다. 『경험방(經驗方)』

백급(白芨)-자란

난초과
Bletilla striata REICHB. fil.

속명/백약(白藥) ·
연급초(連及草) · 급(芨) ·
도구약(刀口藥) · 대암풀
분포지/목포(木浦) 지방
해안 바위틈
높이/50cm 안팎
생육상/여러해살이풀
개화기/5~6월
꽃색/붉은빛이 도는
자주색
결실기/8~9월
특징/땅속의 알 줄기
(球莖)는 육질(肉質)로
속이 희다. 속이 흰 데서
백약이라 한다.
용도/관상용 · 약용

효능

뿌리를 수렴(收斂) · 지혈(止血) · 배농(排膿) · 종처(腫處) 등에
약으로 쓴다.

민간 요법

해열(解熱) · 감기(感氣) · 기침 등에는 가을에 자란의 알 줄기와 잎,
꽃을 같이 채집하였다가 씨 4~5개와 감초 약간을 물 0.2리터에
넣고 그 반량이 되도록 달여서 1일 3회로 나누어 식사 전에 복용하면
좋다. 이 방법은 폐결핵(肺結核) · 늑막염(肋膜炎) 등에도 효과가 있다.
『족본험방(足本驗方)』

흑태(黑太)-콩

콩과
Glycine max MERR.

속명/대두(大豆) ·
태(太) · 검대두(芡大豆) ·
흑두(黑豆) · 검은콩
분포지/흔히 밭에
재배한다. 중국 원산
높이/60cm 안팎
생육상/한해살이풀
개화기/7~8월
꽃색/붉은빛 도는
자주색, 흰색
결실기/10월
특징/잎과 더불어
갈색의 털이 있고, 씨의
색깔이 여러 가지이다.
용도/식용 · 공업용 · 약용

효능

씨를 부종(浮腫) · 사하(瀉下) 등의 약으로 쓴다.

민간 요법

어류(魚類)에 의한 식중독(食中毒)에는 검은 콩으로 탕을 만들어 마시면 곧 풀린다. 『동의보감(東醫寶鑑)』

중풍(中風)에 의한 실음(失音)에는 검은 콩으로 즙(汁)을 내어 끓여 먹으면 응급 치료가 된다. 또한 이러한 증세가 있는 사람은 콩 삶은 물을 계속해서 마시면 효과가 있다. 『응중거방(應中擧方)』

구맥(瞿麥)-패랭이꽃

석죽과
Dianthus sinensis LINNE.

286

속명/석죽(石竹) ·
낙양화(落陽花) ·
석죽화(石竹花) ·
산죽(山竹) · 패랭이 ·
석죽다(石竹茶)
분포지/전국의 산과 들
길가의 건조한 뚝이나
냇가 등지
높이/30cm 안팎
생육상/여러해살이풀
개화기/6~9월
꽃색/붉은빛이 나는
자주색
결실기/9~10월
특징/여러 대가 같이
나와 자라며 전체에
분백색(粉白色)이 돈다.
대나무와 닮은 데서
석죽이라 한다.
용도/관상용 · 약용

효능

풀 전체를 안질(眼疾)·석림(石林)·이뇨(利尿)·수종(水腫)·
임질(淋疾)·소염(消炎)·고뇨(固尿)·회충(蛔蟲)·늑막염(肋膜炎)·
치질(痔疾)·난산(難産)·자상(刺傷)·생선 뼈 목에 걸린 데·
인후염(咽喉炎) 등의 약으로 쓴다.

민간 요법

패랭이꽃의 뿌리 말린 것 또는 풀 전체를 적당한 물로 달여서
차(茶) 대용으로 계속 복용하면 이뇨(利尿)에 큰 도움이 되고 이외에
석림(石林)·늑막염(肋膜炎) 등에도 효과가 있다. 『약초지식(藥草知識)』

술패랭이
Dianthus superbus var. longicalycinus (MAX.) WILLIAMS.

전국의 산과 들 초원에 자라는 여러해살이풀이다.
높이 30~100cm이고 선체에 분백색이 돈다.
7~10월에 연한 붉은빛 도는 자주색 꽃이 피며,
꽃잎은 가늘게 실처럼 갈라진다.

향유(香薷)-향유

꿀풀과
Elsholtzia ciliata (THUNB.) HYLANDER.

속명/수형개(水荊芥) · 배향초(排香草) · 곽향자(藿香子) ·
노야기 · 향여(香茹)
분포지/전국의 산과 들 초원
높이/30~60cm
생육상/한해살이풀
개화기/8~10월
꽃색/붉은 빛이 도는 자주색
결실기/10~11월
특징/원줄기는 곧게 자라고 네모지며, 식물 전체에서 특이한
향(香)이 많이 난다.
용도/식용 · 관상용 · 밀원용 · 약용

효능

풀 전체를 발한(發汗) · 이뇨(利尿) · 수종(水腫) · 해열(解熱) ·
지혈(止血) 등의 약으로 쓴다.

민간 요법

위암(胃癌)에는 향유의 줄기와 잎을 달여 마시며 하리(下痢) ·
각기(脚氣) 등에도 1일 20g 정도를 적당한 물에 달여 마신다.
『약초의 지식(藥草의 知識)』

곽란(霍亂) · 복통(腹痛) · 토사(吐瀉) 등에 향유를 달여 마시면
효과가 있다. 또 수종(水腫) · 서습(暑濕)을 없애며 위(胃)를 데우고
빈혈(貧血)을 없앤다. 『본초강목(本草綱目)』

꽃향유 *Elsholtzia splendens* NAKAI.

전국의 산과 들에 자라는 여러해살이풀이다.
높이 60cm 안팎으로 원줄기는 네모지며 흰털이
줄지어 돋아난다. 9~10월에 자주색 꽃이 핀다.

산구(山韮)-두메부추

백합과
Allium senescens LINNE.

속명/메부추
분포지/울릉도 및 중부 · 북부 지방의 해안지 깊은 산 숲속
높이/20~30cm
생육상/여러해살이풀
개화기/8~9월
꽃색/붉은빛이 도는 자주색
결실기/10월
특징/땅속의 비늘 줄기(鱗莖)는 길이 4cm 정도로 껍질이
얇은 막질(膜質)이며, 전체에서 특이한 향(香)이 많이 난다.
용도/식용 · 공업용 · 약용

효능

비늘 줄기를 강장(强壯)·이뇨(利尿)·구충(驅蟲)·곽란(霍亂)·
해독(解毒)·소화(消化)·건위(健胃)·풍습(風濕)·충독(蟲毒)·
진통(鎭痛)·강심(强心)·진정(鎭靜)·건뇌(健腦)·해독(解毒)
등의 약으로 쓴다.

민간 요법

봄에 두메부추의 풀 전체 또는 새잎을 채취하여 상식(常食)하면
강장(强壯)·건위(健胃)에 효과가 있다. 『외태비요(外台妙要)』

구서구(球序韭)-참산부추

백합과
Allium sacculiferum MAXIM.

292

속명/산구(山韭) · 산부추
분포지/전국의 산
숲속 및 초원
높이/60cm 안팎
생육상/여러해살이풀
개화기/7~9월
꽃색/붉은 자주색
결실기/10월
특징/땅속에
비늘 줄기(鱗莖)가
있고 2~3개의 잎이
나온다. 부추와 비슷하고
향(香)도 비슷하다.
용도/식용 · 공업용 · 약용

293

효능
비늘 줄기를 강장(强壯)·이뇨(利尿)·구충(驅蟲)·해독(解毒)·
소화(消化)·건위(健胃)·풍습(風濕)·충독(蟲毒)·진통(鎭痛)·
강심(强心)·진정(鎭靜)·건뇌(健腦) 등의 약으로 쓴다.

민간 요법
산부추는 간(肝)과 심장(深臟)에 좋은 식물이라 하였다.
위(胃)를 보호하고 위의 열을 없애 주며, 신(腎)에 양기(陽氣)를
보(補)하고 아울러 어혈(瘀血)을 없애고 담(痰)을 제거한다.
『본초비요(本草備要)』

가자(茄子)-가지

가지과
Solanum melongena LINNE.

294

속명/자가(紫茄) ·
왜과(矮瓜) · 가(茄) ·
황가(黃茄) · 과체
분포지/각지에서 널리
재배한다. 원도 인산
높이/60~100cm
생육상/한해살이풀
개화기/6~9월
꽃색/자주색
결실기/9~10월
특징/전체에 회색 털이
있고, 줄기는 검은빛이
도는 짙은 자주색이다.
용도/식용 · 약용

효능

열매 및 열매의 꼭지를 타박상(打撲傷)·창종(瘡腫)·하혈(下血)·
치통(齒痛)·해열(解熱)·동상(凍傷) 등의 약으로 쓴다.

민간 요법

동상(凍傷)으로 손과 발이 튼 데나 파상풍(破傷風) 등에는 말린
꼭지를 달인 즙(汁)으로 씻으면 효과가 있다. 또한 여기에 파의
흰뿌리를 섞어서 달인 즙을 사용하면 더욱 효과가 있다.
『단방신편(單方新篇)』

유암(乳癌)에는 가지 꼭지 마른 것과 대나무 껍질 태운 것을 같은
분량으로 하여 소금을 약간 섞어 참기름으로 반죽하여 바르면
효과가 있다. 『의적원방(醫摘元方)』

손등의 사마귀를 뗄 때에는 가지의 열매를 강판에 갈아서
그 즙(汁)을 매일 여러 번 바르면 곧 제거된다. 『식이요법(食餌療法)』

마령서(馬鈴薯)-감자

가지과
Solanum tuberosum LINNE.

296

속명/북감저(北甘藷) ·
번서(蕃薯) · 양우(洋芋) ·
번우(番芋) · 하지감자 ·
지두자(地豆子) ·
양산우(洋山芋) ·
양산약(洋山藥) ·
토두자(土豆子)
분포지/전국에서
널리 재배한다.
안데스 산맥 원산
높이/60~100cm
생육상/여러해살이풀
개화기/6~7월
꽃색/자주색, 흰색
결실기/9월
특징/땅속 줄기(地下莖)의
끝이 덩이 줄기(塊莖)로
되며 여기에서 독특한
향(香)이 난다.
용도/식용 · 공업용 · 약용

297

효능

덩이 줄기를 장수 식품(長壽食品)으로 많이 먹는다.

민간 요법

감자로 만든 카본을 아침 또는 저녁에 1일 1회 커피 스푼으로
한 스푼씩 물과 같이 마시면 위(胃) 또는 십이지장 궤양(十二指腸潰瘍)이
빠르게는 약 1개월 안에 치유된다. 또 알레르기성 체질뿐만 아니라
기타 다른 병에도 효과가 있다.
감자에서 나오는 탄소질(炭素質) 즉 카본(Carbon)이 주요 약 성분이다.
카본을 만드는 방법은 신선한 감자 20~30개를 잘 씻어 줄기를 떼어 내고
강판에 간 다음 삼베 수건으로 짜서 나온 즙(汁)을 뚝배기나 약탕관 등
토기(土器)에 넣고 수분을 증발시키기 위해 뚜껑을 덮지 않고 약한 불로
천천히 달인다. 이렇게 오랫동안 달이면 그릇 밑바닥에 새까만 찌꺼기
같은 것이 남게 되는데 바로 이것이 카본이다. 『식이요법(食餌療法)』

일전호(日前胡)-바디나물

미나리과
Angelica decursiva (MIQ.) FR. et SAV.

298

속명/전호(前胡) ·
독경근(獨梗芹) ·
사향채(射香菜) ·
압파근(鴨巴芹) ·
사약채 · 바디
분포지/전국의 깊은 산
골짜기 습기 있는 곳
높이/80~150cm
생육상/여러해살이풀
개화기/8~9월
꽃색/짙은 자주색
결실기/10월
특징/뿌리 줄기(根莖)가
짧고 뿌리가 굵으며,
원줄기는 자주색이
돌고 굵다.
용도/식용 · 약용

효능

뿌리 줄기를 감기(感氣) · 정혈(淨血) · 진통(鎭痛) · 진정(鎭靜) · 진해(鎭咳) · 빈혈(貧血) · 부인병(婦人病) · 두통(頭痛) · 이뇨(利尿) · 간질(癎疾) · 건위(健胃) · 사기(邪氣) · 익기(益氣) · 치통(齒痛) · 통경(痛經) 등의 약으로 쓴다.

민간 요법

바디나물의 뿌리는 방향성(芳香性)으로 맛이 약간 쓴 편이다. 주성분은 배당체 · 노다케닌(Nodakein)으로 진통(鎭痛) · 진해(鎭咳) · 거담(祛痰) · 하열(下熱) 작용을 하며, 감기(感氣) · 폐열(肺熱)뿐 아니라 진구(鎭嘔) · 건위(健胃)를 위한 모든 약에 배합제로 쓴다. 『약용식물사전(藥用植物事典)』
전호는 성질이 미한(微寒)하고 맛은 맵지만 독은 없다. 모든 허로(虛勞)를 다스리고 기(氣)를 내리며, 몸 속에 담(痰)이 찬 증상과 속이 막힌 증상을 다스린다. 또한 기침을 그치게 하며 위(胃)를 열어 주고 음식을 내리게 한다.
『본초강목(本草綱目)』

흰꽃바디나물 *Angelica decursiva for. albiflora* MAXIM.

깊은 산 습기 있는 곳에 바디나물과 같이 자라는 여러해살이풀이다. 높이 80~150cm이고 바디나물과 같으나 다만 흰꽃이 피는 것이 다르다.

애(艾)-쑥

국화과
Artemisia princeps var. *orientalis* (PAMPAN.) HARA.

속명/애호(艾蒿) · 봉애(蓬艾) · 봉(蓬) · 구초(灸草) · 의초(醫草) ·
애엽(艾葉) · 약애(藥艾) · 약쑥

분포지/전국의 산과 들 길가 초원이나 언덕

높이/60~120cm

생육상/여러해살이풀

개화기/7~9월

꽃색/자주색

결실기/10~11월

특징/뿌리 줄기(根莖)가 옆으로 뻗으면서 군데군데에서 새싹이 나온다.
원줄기에 세로줄이 있고 전체가 거미줄 같은 털로 덮여 있다.

용도/식용 · 약용

효능

풀 전체를 산후하혈(産後下血)·지혈(止血)·회충(蛔蟲)·
곽란(霍亂)·하리(下痢)·개선(疥癬)·안태(安胎)·과식(過食)·
누혈(漏血)·복통(腹痛)·토사(吐瀉) 등의 약으로 쓴다.

민간 요법

마늘과 쑥잎 각각 40g과 말오줌나무(접골목) 40g을 함께 넣고
목욕물을 데워 입욕하면 남성(男性)의 질병이나 여성(女性)의
대하(帶下)·허리와 무릎의 통증(痛症)·타박상(打撲傷) 등에
효과가 있다. 『외태비요(外台秘要)』
대변(大便)과 함께 하혈(下血)하는 경우에는 쑥과 생강을 똑같은
양으로 달여 마시면 효과가 있다. 『집간방(集簡方)』
쑥의 생잎을 따서 잘 씻은 후 물을 적당히 섞어 찧고 문대서
생즙(生汁)을 만들어 헝겊으로 다시 짠다. 고혈압(高血壓)에는
그 즙(汁)을 밥그릇으로 한 그릇 정도 마시면 효과가 있다.
또 치질(痔疾)·천식(喘息)·요통(腰痛) 등에도 효과가 있다.
『성제총록(聖濟總錄)』

고량(高粱)-수수

벼과
Sorghum bicolor MOENCH.

302

속명/촉서(蜀黍) · 촉출 ·
홍량(紅粱) · 노속(蘆粟) ·
량미(粱米) · 노제(蘆穄)
분포지/농가에서 흔히
재배한다. 아프리카 원산
높이/2m 안팎
생육상/한해살이풀
개화기/8월
꽃색/자주색
결실기/10월
특징/원줄기는 속이
충실하며 마디가 있다.
꽃잎은 없고 자주색의
꽃밥만 보인다.
용도/식용 · 공업용 · 약용

효능

씨를 민간에서 각종 창(瘡) 등에 약으로 쓴다.

민간 요법

위장통(胃腸痛)에는 수수쌀을 씻은 뜬물을 받아 따근하게 데워서
마신다. 이 경우 1일 6회 정도를 마시며 1회의 양은 마실 수 있는 만큼
마셔도 좋다. 『동의보감(東醫寶鑑)』

위장 쇠약(胃腸衰弱) 또는 식은땀이 날 때는 염소의 다리 하나를 사서
뼈와 발톱을 없애고 잘게 썬다. 이것을 삶은 다음에 적당한 양의
수수쌀을 넣고 죽을 쑨다. 여기에 소금으로 양념해서 아침 · 저녁
1일 2회 한 그릇씩 복용하면 원기가 왕성해지고 병이 치료된다.

『경험양방(經驗良方)』

당약(當藥)-쓴풀

용담과
Swertia japonica (SCHULT.) MAKINO.

속명/일본당약(日本當藥)·수황련(水黃連)·장아채(獐牙菜)·
어담초(魚膽草)
분포지/제주도·남부·중부 지방의 산과 들 초원
높이/30cm 안팎
생육상/두해살이풀
개화기/9~10월
꽃색/자주색
결실기/11월
특징/원줄기는 약간 네모지고 자줏빛이 돈다. 자주쓴풀과 비슷하지만
전체에 털이 없고 선체(腺體) 주위의 털이 밋밋한 것이 다르다.
용도/관상용·약용

305

효능

풀 전체를 산기(疝氣) · 태독(胎毒) · 구충(驅蟲) · 개선(疥癬) ·
고미건위(苦味健胃) · 식욕촉진(食慾促進) · 소화불량(消化不良) ·
발모(發毛) · 강심(强心) · 심장병(心臟病) · 습진(濕疹) · 경풍(驚風)
등의 약으로 쓴다.

민간 요법

만성 위병(胃病)에도 쓴풀 말린 것을 잘게 썰어 쓴다. 성인의 1일량은
0.5~1g 정도로 적당한 물에 달여 복용하거나 가루를 만들어 복용하면
좋아진다. 『약초지식(藥草知識)』

자주쓴풀 *Swertia pseudo-chinensis* (BUNGE) HARA.

제주도 · 남부 지방 등의 산과 들에 자라는
두해살이풀이다. 높이 15~30cm로 뿌리가
갈라지고 쓴맛이 강하다. 줄기는 약간 네모지고
9~10월에 자주색 꽃이 핀다.

대계(大薊)-엉겅퀴

국화과
Cirsium japonjcum var. ussuriense KITAMURA.

속명/대계초(大薊草)·
장군초(將軍草)·
야홍화(野紅花)·
자계채(刺薊菜)·항가새
분포지/전국의 산과 들
길가 초원
높이/50~100cm
생육상/여러해살이풀
개화기/6~8월
꽃색/자주색,
붉은 자주색
결실기/8~9월
특징/전체에 흰 털과
거미줄 같은 섬유질이
있고 가지가 갈라지며,
잎 끝에 날카로운
가시가 있다.
용도/식용·관상용·약용

307

효능

풀 전체 및 뿌리를 감기(感氣)·금창(金瘡)·지혈(止血)·토혈(吐血)·
창종(瘡腫)·부종(浮腫)·대하증(帶下症)·안태(安胎)·음창(淫瘡)
등의 약으로 쓴다.

민간 요법

부인(婦人)의 하혈(下血)에는 엉겅퀴의 뿌리를 즙(汁)을 내어 마시면
즉효가 있다. 『산보방(産寶方)』

엉겅퀴는 어혈(瘀血)·토혈(吐血)·비혈(脾血)·대하증(帶下症) 등을
다스리며 정(精)을 길러 주고 혈(血)을 보한다. 큰엉겅퀴는 어혈(瘀血)을
흩어 버리고 옴종을 다스리며, 작은 엉겅퀴는 혈통(血痛)을 다스린다.
『본초강목(本草綱目)』

지느러미엉겅퀴 *Carduus crispus* LINNE.

각지에서 자라는 두해살이풀이다.
높이 70~100cm로 줄기에 지느러미 같은
날개가 달리며, 5~6월에 붉은빛 도는 자주색
꽃이 핀다.

초용담(草龍膽)-용담

용담과
Gentiana scabra var. buergeri (MIQ.) MAXIM.

308

속명/용담초(龍膽草) · 거친과남풀 · 과남풀
분포지/전국의 산과 들 대개는 산기슭의 초원
높이/20~60cm
생육상/여러해살이풀
개화기/8~10월
꽃색/자주색
결실기/11월
특징/줄기에 4개의 가는 줄이 있으며,
뿌리 줄기(根莖)는 짧고 굵은 수염뿌리가 있다.
용도/관상용 · 약용

잎과 줄기

효능

뿌리 및 풀 전체를 건위(健胃) · 창종(瘡腫) · 개선(疥癬) · 간질(癎疾) ·
도한(盜汗) · 경풍(驚風) · 회충(蛔蟲) · 심장병(心臟病) · 습진(濕疹)
등의 약으로 쓴다.

민간 요법

위염(胃炎) · 위산과소증(胃酸過小症) · 위산과다증(胃酸過多症) ·
위 카타르 · 위약(胃弱) 등의 위 질환에는 용담의 뿌리를 늦은 가을이나
봄에 채취하여 그늘에 말린다(생근을 사용해도 무방함). 이 뿌리를 잘게
썰어서 용기에 담고 2~3배의 술을 붓는다. 여기에 약 3분의 1 정도의
설탕을 넣고 담근 후 약 1개월 정도 지나면 먹을 수 있으나 완전하게
되려면 3개월 이상의 기간이 소요되어야 한다. 완전히 익으면 담황색이
되는데 이 때 건더기를 모두 건져 내고 남은 즙액(汁液)만 마시며,
이는 정장(整腸)과 강장제(强壯劑)로도 효과가 있다. 『동의보감(東醫寶鑑)』

취숭(臭崧)-앉은부채

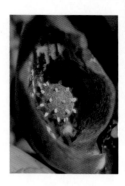

천남성과
Symplocarpus renifolius SCHOTT.

속명/금연(金蓮) · 수파초(水芭蕉) · 지룡 · 삿부채
분포지/남부 · 중부 · 북부 지방의 깊은 산 골짜기 습기 있는 그늘
높이/10~20cm
생육상/여러해살이풀
개화기/3~4월
꽃색/자주색, 연한 노란색
결실기/6월
특징/원줄기가 없고 짧은 뿌리 줄기(根莖)에서 끈 같은 뿌리가
사방으로 퍼진다. 꽃을 싸고 있는 것은 포엽(苞葉), 둥글고 거북의
등같이 갈라진 것이 꽃잎, 노란색으로 솟은 것은 꽃밥이다.
유독성 식물
용도/관상용 · 약용

효능

뿌리 줄기를 해수(咳嗽) · 거담(祛痰) · 진경(鎭痙) · 구토(嘔吐) ·
파상풍(破傷風) · 창종(瘡腫) · 이뇨(利尿) · 진정(鎭靜) 등의
약으로 쓴다.

민간 요법

여름에 잎이 죽어 갈 무렵 뿌리를 캐내어 잘 건조시킨다. 이 뿌리를
잘게 자른 것 15g 정도에 물 0.7리터를 붓고 그 반량이 될 때까지 달여서
차(茶) 대용으로 조금씩 마시면 급성신염(急性腎炎) · 신장병(腎臟病)에
특히 효과가 있다. 또 달인 즙(汁)을 마시면 4~5시간에 대소변(大小便)이
대량으로 빠져 나오기도 한다. 『응중거방(應中擧方)』
이 풀은 강한 독 성분이 있으므로 사용할 때 매우 주의해야 한다.

산우두(山芋頭)-얼레지

백합과
Erythronium japonicum DECNE.

312

속명/차전엽산자고
(車前葉山慈)·
산자고(山慈姑)·
얼레기·가제무릇
분포지/전국의 높고
깊은 산 비옥한 숲속
높이/25~30cm
생육상/여러해살이풀
개화기/3~5월
꽃색/자주색
결실기/6월
특징/마주 달리는
2개의 잎 표면에
연한 자주색의
얼룩 무늬가 있으며,
비늘 줄기(鱗莖)가
땅속 30cm 정도까지
깊이 들어가 한쪽으로
굽는다.
용도/식용·관상용·
공업용·약용

효능

비늘 줄기를 강장(强壯) · 창종(瘡腫) · 건뇌(健腦) · 건위(健胃) 등의 약으로 쓴다.

민간 요법

얼레지의 비늘 줄기는 양질의 녹말 성분이 많다. 이 녹말 성분을 완하제(緩下劑)로 쓰면 어린아이의 구토(嘔吐) · 설사(泄瀉) · 어른의 위장(胃腸) 카다르에 효과가 있다. 또 요도 중독 해독제(尿道中毒解毒劑)로도 복용한다. 『식의심경(食醫心鏡)』

얼레지를 꽃이 필 무렵 채취하여 삶아서 말린 묵나물은 자양강장제(滋養强壯劑)가 된다. 그러나 생것을 많이 먹으면 오히려 해가 되고, 설사를 한다. 『향토의학(鄕土醫學)』

률초(葎草)-환삼덩굴

뽕나무과
Humulus japonicus S. et Z.

314

속명/률(葎) · 늑초(勒草) · 가고과(假苦瓜) · 노호등(老虎藤) ·
범삼덩굴 · 한삼덩굴
분포지/전국의 낮은 곳 대개는 집 근처의 빈터 등지
높이/길이 2m 안팎
생육상/한해살이풀
개화기/7~9월
꽃색/자주색
결실기/9~10월
특징/줄기에 잔 가시가 많이 있고, 암꽃과 수꽃이 따로 있으며
암꽃은 녹색이 돈다. 덩굴성 식물
용도/공업용 · 약용

효능

풀 전체 및 열매를 오림(五淋) · 학질(瘧疾) · 나창(癩瘡) · 진정(鎭靜) · 파상풍(破傷風) · 고미건위(苦味健胃) · 이뇨(利尿) 등의 약으로 쓴다.

민간 요법

가을에 풀 전체를 채집해서 말려 두고 이것을 1일 5~10g씩 달여 3회에 나누어 마시면 강정제(强精劑)가 되며, 건위(健胃) · 이뇨(利尿) · 해열(解熱) · 임질(淋疾) · 방광염(膀胱炎) 등에도 효과가 있다.

『약초지식(藥草知識)』

만타라자(曼陀羅子) - 독말풀

가지과
Datura stramonium LINNE.

속명/만타라(曼陀羅) · 만타라화(曼陀羅花) · 양금화(洋金花) · 다투라
분포지/약용 식물로 재배한다. 열대 아메리카 원산
높이/100~200cm
생육상/한해살이풀
개화기/8~9월
꽃색/연한 자주색
결실기/10월
특징/굵은 가지가 많이 갈라지며 식물 전체를 건드리면
노린내가 심하게 난다. 유독성 식물
용도/밀원용 · 약용

효능

잎과 씨를 천식(喘息)·마취(麻醉)·탈항(脫肛)·각기(脚氣)·
경풍(驚風)·간질(癎疾)·진정(鎭靜)·나병(癩病) 등의 약으로 쓴다.

민간 요법

천식(喘息)이 발작하여 심한 고통을 받을 때 독말풀의 씨 큰 것 4개를
물과 함께 마시면 곧 멎는다. 그러나 너무 많이 먹으면 기억이 감퇴하고
자주 복용하는 것도 좋지 않다. 『약초지식(藥草知識)』
천식(喘息)이 발작할 때에 독말풀의 잎을 말려서 담배를 피우면
일시 멎는 효과가 있다. 『약초의 지식(藥草의 知識)』

흰독말풀 Datura mete LINNE.

열대 아시아 원산으로 약용 식물로 재배하던 것이
퍼져 나가 자란다. 한해 또는 두해살이풀이며
유독성 식물이다. 높이 100cm 안팎으로 굵은 가지가
많이 갈라지고 6~9월에 흰색 꽃이 밤에만 핀다.

맥문동(麥門冬)-맥문동

백합과
Liriope platyphylla WANG et TANG.

속명/맥동(麥冬)·
맥문동초(麥門冬草)·
세엽맥문동(細葉麥門冬)·
겨우살이풀
분포지/전국의 산과 들
대개 낮은 곳의 나무
그늘이나 길가 언덕
높이/30~50cm
생육상/여러해살이풀
개화기/5~6월
꽃색/연한 자주색
결실기/10월
특징/뿌리 줄기(根莖)가
굵고 딱딱하며,
수염뿌리의 끝이
땅콩처럼 굵어지는 데
이를 맥문동이라 한다.
상록성 식물
용도/관상용·약용

319

효능

덩이 줄기(塊莖)를 이뇨(利尿)·심장염(心臟炎)·해열(解熱)·
감기(感氣)·진정(鎭靜)·강장(强壯)·소염(消炎)·진해(鎭咳)·
거담(祛痰)·강심(强心) 등의 약으로 쓴다.

민간 요법

맥문동(麥門冬)은 사포닌을 함유하고 있어 가래를 없애고 기침을
멈추게 하며 위(胃)를 보(補)하는 강장(强壯)의 묘약(妙藥)이다.
또한 심장판막증(心臟瓣膜症) 때문에 가슴이 울렁거리는 등 숨이
차는 데는 맥문동 3g을 물 반 컵 정도에 넣고 그 반량이 되도록 달여
1일 3회 공복에 차게 하여 마시면 효과가 있다. 『약초지식(藥草知識)』

채복자(菜菔子)－무

십자화과
Raphanus sativus var. hortensis for. acanthiformis
MAKIND.

속명/만청(蔓菁) · 만청자(蔓菁子) · 채복(菜菔) · 자화숭(紫花崧) ·
대근(大根) · 순무 · 무우
분포지/중요한 채소로 농가에서 흔히 재배한다.
높이/100cm 안팎
생육상/두해살이풀
개화기/4~5월
꽃색/연한 자주색
결실기/5~6월
특징/원줄기는 둥글고 위에서 가지가 갈라지며,
땅속의 뿌리는 흰색이며 굵고 잎과 같이 채소로 먹는다.
용도/식용 · 약용

효능

뿌리 및 씨를 해수(咳嗽) · 소화(消化) · 개선(疥癬) · 폐염(肺炎) ·
기관지염(氣管支炎) · 건위(健胃) 등의 약으로 쓴다.

민간 요법

황달(黃疸)과 기침에는 무 씨를 볶아서 가루를 만든 다음 차 스푼으로
3개씩 하루에 여러 번 더운 물로 마시면 효과가 있다.『족본신편(足本新篇)』
무를 강판에 갈아서 짜낸 즙(汁)에 물엿을 적당히 섞어 마시면 기침 ·
천식(喘息) · 감기(感氣) · 백일해(百日咳) · 두통(頭痛) 등에 효과가 있다.
『다산방(茶山方)』

중풍(中風)에는 무 즙(汁)에 생강즙을 섞어 마시면 더욱 효과가 있다.
무즙 0.18리터에 감 열매의 떫은 성분 즉 시삽(柹澁)을 같은 양으로 섞어
1회분으로 하여 1일 2~3회 공복에 마시면 특효가 있다.『식요험방(食療驗方)』

라마자(蘿藦子)-박주가리

박주가리과
Metaplexis japonica (THUNB.) MAKINO.

322

속명/라마(蘿藦) · 구진등(九眞藤) · 라마등(蘿藦藤) · 새박덩굴
분포지/전국의 낮은 지대 숲 가장자리 및 길가 언덕
높이/길이 3m 안팎
생육상/여러해살이풀
개화기/7~8월
꽃색/연한 자주색
결실기/10월
특징/땅속 줄기(地下莖)가 길게 뻗고 줄기를 자르면 흰 유액(乳液)이
나온다. 덩굴성 식물, 유독성 식물
용도/식용 · 공업용 · 약용

효능

뿌리 및 잎, 열매 등을 백전풍(白癜風) · 백선(白癬) · 익정(益精) · 강장(強壯) 등의 약으로 쓴다.

민간 요법

잎과 씨를 말려서 가루를 낸 후 1회 2~3g 정도를 마시면 강정제(強精劑)로서 효과를 발휘한다.『본초비요(本草備要)』

줄기나 잎을 자를 때 흘러나오는 흰 유액(乳液)을 손등의 사마귀 및 뱀이나 거미 등에 물린 데나 종기(腫氣) 등에 바르면 효과가 있다. 『중의묘방(中醫妙方)』

손가락 등의 칼로 베인 상처에는 씨에 달려 있는 흰 명주실 같은 털을 붙이면 출혈을 멈추게 하는 효과가 있다.『경험방(經驗方)』

박하(薄荷)–박하

꿀풀과
Mentha arvensis var. piperascens MALINV.

324

속명/인단초(仁丹草)·
남박하(南薄荷)·
어향초(魚香草)·
토박하(土薄荷)·영생
분포지/각지의 낮은
지대 길가 초원
높이/50cm 안팎
생육상/여러해살이풀
개화기/7~9월
꽃색/연한 자주색
결실기/9~10월
특징/원줄기는 둔하게
네모지고 잎과 더불어
털이 약간 있다.
식물 전체에서 특이한
박하향(薄荷香)이 난다.
용도/식용·공업용·
밀원용·약용

효능

잎과 줄기를 혈리(血痢)·곽란(藿亂)·구토(嘔吐)·소화(消化)·
타박상(打撲傷)·지사(止瀉)·건위(健胃)·발한(發汗)·지혈(止血)·
진양(鎭癢)·진통(鎭痛)·풍열(風熱)·결핵(結核)·구풍(驅風)·
십이지장 구충제(十二指腸驅蟲劑)·위경련(胃痙攣)·장통(腸痛)·
치통(齒痛) 등의 약으로 쓴다.

민간 요법

박하는 풍(風)과 열(熱)을 없애고 눈을 밝게 하며 두통(頭痛)·두풍(頭風)·
중풍(中風)·담(痰)이 있는 기침·피부병(皮膚病)을 다스린다. 그러나
체질이 허약한 사람은 많이 먹지 않는 것이 좋다. 『본초비요(本草備要)』
박하는 독한을 몰아내고 상한(傷寒)의 두통을 다스리며 중풍(中風)·
적풍(賊風)·두풍(頭風)을 없애 주는 것은 물론 관절을 통리(通利)해 주고
피로를 풀어 준다. 여름과 가을 사이에 박하의 잎과 줄기를 채취하여
말려서 사용한다. 『본초강목(本草綱目)』

회채화(回茱花)-방아풀

꿀풀과
Isodon japonicus (BURM.) HARA.

326

속명/연명초(延命草)·
야소자(野蘇子)·
산소자(山蘇子)·방앳잎
분포지/제주도·남부·
중부 지방의 산과 들
초원
높이/50~100cm
생육상/여러해살이풀
개화기/8~9월
꽃색/연한 자주색
결실기/10~11월
특징/줄기에 네모진
능선이 있고 짧은 털이
있으며, 식물 전체에서
특이한 향(香)이 많이
난다.
용도/식용·밀원용·약용

효능

풀 전체를 식욕촉진(食慾促進) · 고미건위(苦味健胃) · 구충(驅蟲)
등의 약으로 쓴다.

민간 요법

만성 위병(胃病)에는 방아풀 전체를 말려 적당한 양으로 물에 달인
즙(汁)을 차(茶) 대용으로 오랫동안 장복하면 좋은 효과가 있다.
『약초지식(藥草知識)』

연명초(延命草)라는 이름이 생긴 것은 옛날에 길을 지나던 어느
고승(高僧)이 쓰러져 신음하는 환자를 발견하고 이 풀을 먹게 하여
목숨을 구하게 된 데서라고 전해 오며, 암(癌)을 이기는 항암 성분이
들어 있다. 『식의심경(食醫心鏡)』

자주방아풀 *Isodon serra* NEMOTO.

각지의 높은 산에 자라는 여러해살이풀이다.
높이 100cm 안팎이고 방아풀과 거의 비슷하며
9∼10월에 푸른빛이 도는 자주색 꽃이 핀다.

두견란(杜鵑蘭)-약란

난초과
Cremastra appendiculata MAKINO.

328

속명/채배란(采配蘭) · 약난초(藥蘭草) · 두견난초
분포지/제주도 · 남부 지방의 산골짜기 계곡 숲속
높이/40cm 안팎
생육상/여러해살이풀
개화기/5~6월
꽃색/연한 자줏빛 도는 갈색
결실기/7월
특징/땅속으로 위인경(僞鱗莖)이 얕게 들어가고,
잎은 1~2개가 나오며 겨울에도 살아 있다가
봄에 말라 죽는다.
용도/관상용 · 약용

새잎

효능

뿌리 줄기(根莖)를 치질(痔疾) · 개선(疥癬) · 충독(蟲毒) ·
이뇨(利尿) 등의 약으로 쓴다.

민간 요법

가을에 땅속의 알 줄기(球莖)를 캐내어 수염뿌리를 제거하고
깨끗이 씻은 후 열탕에 2~3분 간 적신다. 그리고 햇볕에 충분히
말린 다음 종이 봉지 등에 저장해 두고 필요에 따라 쓴다. 이것을
1회에 2~5g씩 강한 불에 달여 식사 전에 복용하면 설사멎이 ·
위와 장의 카타르 등에 효과가 있다. 『약초의 지식(藥草의 知識)』

소엽(蘇葉)-차조기

꿀풀과
Perilla frutescens var. acuta KUDO.

속명/자소자(紫蘇子) · 자소(紫蘇) · 소(蘇) · 소자(蘇子) · 자주깨 ·
흑소(黑蘇) · 차즈기 · 야소(野蘇) · 홍소(紅蘇)
분포지/약초 자원으로 재배한다. 중국 원산
높이/20~80cm
생육상/한해살이풀
개화기/8~9월
꽃색/연한 자주색
결실기/10월
특징/줄기는 둔한 네모가 지고 곧게 자라며
풀잎이 전체적으로 자주색을 띤다.
깨잎과 비슷하여 자소라 한다.
용도/식용 · 공업용 · 약용

씨

331

효능

잎을 발한(發汗)·지혈(止血)·해열(解熱)·유방염(乳房炎)·
진해(鎭咳)·풍질(風疾)·진통(鎭痛)·진정(鎭靜)·이뇨(利尿)·
몽정(夢精) 등의 약으로 쓴다.

민간 요법

차조기 잎 말린 것을 달여 차(茶) 대용으로 상용하면 건위제(健胃劑)가
되고 또한 각기(脚氣)·게 중독(中毒)·치질(痔疾)·천식(喘息)·
뇌질환(腦疾患)·혈액순환촉진(血液循環促進) 등에 효과가 있다.
『집간방(集簡方)』
생선 및 게, 육류의 중독(中毒)에는 차조기의 잎을 짓찧어 짜낸
생즙(生汁)을 마시거나 잎을 생식(生食)하든지 달여서 마시면
효과가 있다. 『계지(癸志)』

청소엽 *Perilla frutescens for. viridis* MAKINO.

차조기와 같으나 다만 잎이 푸른색이고
꽃이 흰색인 것이 다르다.

마린자(馬藺子)-타래붓꽃

붓꽃과
Iris pallasii var. chinensis FISCH.

332

속명/마린화(馬藺花) ·
연미(鳶尾) · 마린(馬藺) ·
자연(紫燕) · 연미붓꽃 ·
자호접(紫蝴蝶)
분포지/전국의 산과 들
대개는 산기슭의
건조한 곳
높이/40cm 안팎
생육상/여러해살이풀
개화기/5~6월
꽃색/연한 자주색
결실기/7~8월
특징/잎이 비틀리며
밑부분은 자줏빛이 돈다.
잎이 틀어지는 데서
타래붓꽃이라 한다.
용도/관상용 · 약용

효능

뿌리 줄기(根莖)를 편도선염(扁桃腺炎) · 안태(安胎) · 해수(咳嗽) ·
주독(酒毒) · 폐염(肺炎) · 위중열(胃中熱) · 백일해(百日咳) ·
인후염(咽喉炎) · 나창(癩瘡) · 지혈(止血) 등의 약으로 쓴다.

민간 요법

하제(下劑)로 쓰기 위해서는 늦여름에 잎이 누렇게 말라 갈 즈음
뿌리 줄기를 채취하여 잘 말린 후 종이 봉지에 넣어 통풍이 잘되도록
보관한다. 이것을 10~15g씩 물 0.5리터에 달여 1일 3회로 나누어
복용하면 효과가 있다. 이 약은 토제(吐劑) · 위장(胃腸) 카다르 ·
현기증(眩氣症) · 위장병(胃腸病) · 부인병(婦人病) 등에 효과가 있다.
위장 카다르 · 위장병 등에는 백설탕을 넣으면 효력이 없어진다.

『의학준승(醫學準繩)』

향수란(香水蘭)-향등골나물

국화과
Eupatorium chinense for. tripartitum HARA.

속명/택란(澤蘭) ·
향초(香草) · 난초(蘭草) ·
산란(山蘭) · 난초화
분포지/남부 · 중부
지방의 산과 들 초원
높이/60cm 안팎
생육상/여러해살이풀
개화기/7~10월
꽃색/연한 자주색
결실기/10~11월
특징/원줄기에 자줏빛
도는 점이 있고,
잎이 3개로 갈라지며
측열편이 작게 달린다.
용도/식용 · 관상용 · 약용

효능

풀 전체를 황달(黃疸) · 보익(補益) · 당뇨(糖尿) · 통경(通經) ·
중풍(中風) · 고혈압(高血壓) · 수종(水腫) · 산후복통(産後腹痛) ·
토혈(吐血) · 생기(生肌) · 폐염(肺炎) · 소종(消腫) · 배종(背腫) ·
맹장염(盲腸炎) 등의 약으로 쓴다.

민간 요법

당뇨병(糖尿病)에는 향등골나물 풀 전체 말린 것을 적낭량 물에
끓여 그 즙(汁)을 차(茶) 대용으로 계속 장복하면 효과가 좋다.

『식의심경(食醫心鏡)』

등골나물
Eupatorium chinense var. simplicifoolum KITAMURA.

전국의 산과 들 초원에서 흔히 자라는
여러해살이풀이다. 높이 100~200cm이며
7~10월에 연한 자주색 꽃이 핀다.

길경(桔梗)-도라지

도라지과
Platycodon grandiflorum (JACQ.) A. DC.

약재

속명/명엽채(明葉菜)·
고길경(苦桔梗)·
도랍기(道拉基)·
사엽채(四葉菜)·
길경채(桔梗菜)·
화상두(和尙頭)·
경초(梗草)·백약(百藥)·
대약(大藥)·산도라지·
백도라지
분포지/전국의 산과 들
산기슭의 초원
높이/40~100cm
생육상/여러해살이풀
개화기/7~8월
꽃색/푸른빛 도는 자주색,
흰색
결실기/10월
특징/땅속의 뿌리가
굵고 원줄기를 자르면
흰 유액(乳液)이 나온다.
흰꽃이 피는 것을
백도라지, 겹꽃이 피는
것을 겹도라지라 한다.
용도/식용·관상용·약용

효능

뿌리를 편도선염(扁桃腺炎)·복통(腹痛)·지혈(止血)·해수(咳嗽)·
늑막염(肋膜炎)·인통(咽痛)·거담(祛痰)·천식(喘息)·보익(補益)
등의 약으로 쓴다.

민간 요법

거담(祛痰)에는 도라지 뿌리 20g, 앵속각 15g을 물 0.7리터에 넣고
그 반량이 될 때까지 달인 후 이것을 1일 분으로 하여 3회로 나누어
마시면 효과가 있다. 이 밖에 진해(鎭咳)·해열(解熱)·천식(喘息)·
폐병(肺病)·배농(排膿) 등에도 효과가 있다. 『약초지식(藥草知識)』
도라지는 5년 이상이 된 것이어야 약효가 좋으며 앵속각(罌粟角) 대신
감초 8~12g을 넣고 달여 마시는 것도 좋지만 진해(鎭咳)·거담(祛痰)·
천식(喘息) 에는 앵속각을 넣어야 효과가 있다. 코가 막힐 때는 뿌리를
엷게 살라서 20~30g을 물 0.6리디로 그 반이 되도록 달여서 마시면
효과가 있다. 『약초지식(藥草知識)』

압척초(鴨跖草)-닭의장풀

닭의장풀과
Commelina communis LINNE.

338

속명/수부초(水浮草) · 압식초(鴨食草) · 압자채(鴨子菜) · 람화초(藍花草) ·
계관채(鷄冠菜) · 람화채(藍花菜) · 닭의밑씻개 · 닭의꼬꼬 · 달개비
분포지/각지의 집 부근 빈터 등지
높이/15~50cm
생육상/한해살이풀
개화기/7~8월
꽃색/푸른빛 도는 자주색
결실기/9~10월
특징/밑부분이 옆으로 비스듬히 쓰러져 자라서 마디가 땅에 닿으면
뿌리가 내린다.
용도/식용 · 약용

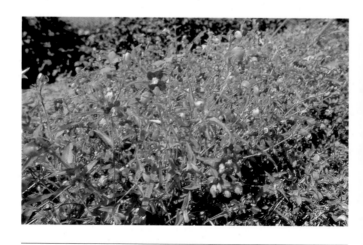

효능

풀 전체를 종기(腫氣) 등의 약으로 쓴다.

민간 요법

풀 전체를 말려서 보관하고 대개는 꽃이 필 무렵이 약효가 좋은 편이다.
말린 것을 잘게 썰어서 적당히 물에 넣고 달인 즙(汁)을 차(茶) 대용으로
수시로 복용하면 당뇨병(糖尿病) 등에 도움이 된다. 『건강약초(健康藥草)』

흰좀닭의장풀 *Commelina coreana for. leucantha* NAKAI.

닭의장풀과 거의 비슷하다. 한해살이풀로서
줄기에 털이 약간 있으며 7~9월에 흰색 꽃이
피는 것이 다르다.

편축(篇蓄)-마디풀

여뀌과
Polygonum aviculare LINNE.

340

속명/편죽(篇竹) ·
저아초(猪牙草) ·
편축료(篇蓄蓼) ·
도생초(道生草) ·
매듭나물
분포지/전국의 산과
들 길가
높이/30~40cm
생육상/한해살이풀
개화기/6~7월
꽃색/녹색이 도는
붉은색
결실기/9월
특징/털이 없고 대개는
옆으로 비스듬히 누워
자란다.
용도/식용 · 약용

효능

풀 전체를 구충(驅蟲)·치질(痔疾)·곽란(藿亂)·황달(黃疸)·
창종(瘡腫)·외치(外痔)·살충(殺蟲)·이뇨(利尿) 등의 약으로 쓴다.

민간 요법

여름에 장(腸)에 탈이 나서 생기는 심한 설사병과 점액과 피가 섞어
나오는 설사병에는 마디풀 한줌을 물 2홉에 넣고 그 반량이 되도록
달여 며칠 동안 복용하면 효과가 있다. 소화불량(消化不良)으로 인한
악성의 설사에는 앞에서 말한 달인 물을 묽게 하여 복용하면
차차 회복이 된다.『식이요법(食餌療法)』

번홍화(番紅花)-사프란

붓꽃과
Crocus sativus LINNE.

342

속명/장홍화(臟紅花) ·
울금향(鬱金香) ·
번홍초(番紅草) ·
사후란 · 크로커스
분포지/관상초로 남부
지방에서 혼히 심는다.
남부 유럽 및 소아시아
원산
높이/15cm 안팎
생육상/여러해살이풀
개화기/10~11월,
간혹 2~3월
꽃색/연한 자주색,
노란색, 흰색
결실기/11~12월
특징/잎은 꽃이 핀 다음
크게 자라며, 땅속의
알 뿌리(球根)는
지름 3cm 정도로
편구형(扁球形)이다.
용도/관상용 · 공업용 ·
약용

효능

암술대를 진정(鎭靜) · 통경(痛經) · 건위(健胃) 등의 약으로 쓴다.

민간 요법

사프란의 암술 몇 개를 컵에 넣고 뜨거운 물을 부은 후

차(茶) 대용으로 계속해서 마시면 건위제(健胃劑)가 된다.

『다산방(茶山方)』

토통초(土痛草)-으름난초

난초과
Galeola septentrionalis REICHB.

344

속명/토목통(土木痛) · 산산호(山珊瑚) · 으름란 · 개천마
분포지/제주도의 산 숲속
높이/50~100cm
생육상/여러해살이풀
개화기/6~7월
꽃색/노란빛 도는 갈색
결실기/9월
특징/줄기에 비늘 같은 잎이 달리고, 옆으로 길게 뻗는
뿌리에는 균사가 들어 있다. 기생 식물
용도/관상용 · 약용

345

효능
열매는 강장(强壯) · 강정(强精) 등의 약으로 쓴다.

민간 요법
늦은 가을에 잘 익은 열매를 채취하여 말려서 두었다가
이 열매를 달여서 차(茶) 대용으로 복용하면 강장제(强壯劑)
및 강정제(强精劑)로 효과가 뛰어나다. 『본초비요(本草備要)』
폐병(肺病)에는 으름난초의 열매에 등(藤) 덩굴의 뿌리를
같이 달여 마시면 효과가 있다. 『족본험방(足本驗方)』

백합(百合)-참나리

백합과
Lilium tigrinum KER-GAWL.

주아

속명/권단(卷丹) ·
호피백합(虎皮百合) ·
홍백합(紅百合) · 개나리 ·
약백합(藥百合) · 호랑나비
분포지/전국의 산과 들
초원에 자라고, 집안에
심기도 한다.
높이/100~200cm
생육상/여러해살이풀
개화기/7~8월
꽃색/노란빛 도는
붉은 색 바탕에
흑자색 반점이 있다.
결실기/10월
특징/줄기가 흰털로
덮히며, 꽃은 피지만
줄기와 잎 사이에 달린
주아(珠芽)가 떨어져
번식한다.
용도/식용 · 관상용 · 약용

효능

비늘 줄기(鱗莖)를 강장(強壯)·자양(滋養)·건위(健胃)·종독(腫毒)·
진정(鎭靜)·진해(鎭咳)·기관지염(氣管支炎)·신경쇠약(神經衰弱)·
후두염(喉頭炎)·해수(咳嗽)·유방염(乳房炎) 등의 약으로 쓴다.

민간 요법

참나리의 비늘 줄기 한 개를 강판에 갈아서 소금과 설탕을 적당히 섞어
간을 맞추어 우유 등에 타서 마시거나 잼 대용으로 먹으면 위장(胃腸)을
튼튼하게 하는 효과가 있다. 『향토의학(鄕土醫學)』

땅나리 *Lilium callosum* S. et Z.

중부 이남 지방의 산과 들에 자라는
여러해산이풀이다. 높이는 30~100cm로
털이 없고 땅속의 비늘 줄기와 더불어 7~8월에
노란빛이 도는 붉은색 꽃이 핀다.

말나리_Lilium distichum_ NAKAI.

각지의 깊은 산 초원에서 자라는 여러해살이풀이다.
높이 80cm로 땅속에 비늘 줄기가 있으며
7~8월에 노란빛 도는 붉은색 꽃이 핀다.

날개하늘나리 _Lilium davuricum_ KER-GAWL.

고원지 및 백두산 고원지에 자라는 여러해살이풀이다.
높이 20~90cm로 전체에 털이 있고 잎과 비늘 줄기가
크다. 7~8월에 노란빛 도는 붉은색 꽃이 핀다.

털중나리 _Lilium amabile_ PALIBIN.

각지의 산에 자라는 여러해살이풀이다.
높이 50~100cm이고 전체에 흰 잔털이 있고
6~8월에 노란빛이 도는 붉은색 꽃이 핀다.

하늘나리 _Lilium concolor var. partheneion_ BAK.

각지의 산과 들에 자라는 여러해살이풀이다.
높이 30~80cm이고 잎이 가늘게 달리며
6~7월에 노란빛 도는 붉은색 꽃이 핀다.

하늘말나리 _Lilium tsingtauense_ GILG.

각지의 산과 들에 흔히 자생한다.
높이 100cm 안팎이고 풀잎이 여러 개가 층을
이룬다. 7~8월에 노란빛 도는 붉은 꽃이 핀다.

약 이름 찾아보기

식물 이름 찾아보기